Sina Trinkwalder, Jahrgang 1978, studierte Politik und Betriebswirtschaft an der Ludwig-Maximilians-Universität in München. Nach erfolgreichem Studienabbruch arbeitete sie über 10 Jahre als Geschäftsführerin ihrer eigenen Werbeagentur, bis sie 2010 manomama gründete, das erste textile Social Business in Deutschland. Für ihr ökologisches und soziales Engagement wurde Sina Trinkwalder mit zahlreichen Preisen ausgezeichnet, unter anderem ist sie vom Rat für Nachhaltigkeit der Bundesregierung zum »Social Entrepreneur der Nachhaltigkeit 2011« ausgezeichnet worden und erhielt 2015 das Bundesverdienstkreuz.

SINA TRINKWALDER

WUNDER MUSS MAN SELBER MACHEN

Wie ich die Wirtschaft auf den Kopf stelle

DROEMER

Besuchen Sie uns im Internet:
www.droemer.de

Aus Verantwortung für die Umwelt hat sich die
Verlagsgruppe Droemer Knaur zu einer nachhaltigen
Buchproduktion verpflichtet. Der bewusste Umgang mit
unseren Ressourcen, der Schutz unseres Klimas und
der Natur gehören zu unseren obersten Unternehmenszielen.
Gemeinsam mit unseren Partnern und Lieferanten setzen
wir uns für eine klimaneutrale Buchproduktion ein,
die den Erwerb von Klimazertifikaten zur Kompensation
des CO_2-Ausstoßes einschließt.
Weitere Informationen finden Sie unter:
www.klimaneutralerverlag.de

FSC
www.fsc.org
MIX
Papier aus verantwor-
tungsvollen Quellen
FSC® C014496

Eigenlizenz Februar 2022
Droemer TB
© 2013 Sina Trinkwalder
© 2022 Droemer Verlag
Ein Imprint der Verlagsgruppe
Droemer Knaur GmbH & Co. KG, München
Alle Rechte vorbehalten. Das Werk darf – auch teilweise –
nur mit Genehmigung des Verlags wiedergegeben werden.
Covergestaltung: ZERO Werbeagentur, München
Coverabbildung: Stefan Puchner
Satz: Adobe InDesign im Verlag
Druck und Bindung: GGP Media GmbH, Pößneck
ISBN 978-3-426-30288-0

2 4 5 3 1

Für meine Ladys

Und Suley, Werner & Ehsan

INHALT

VORWORT

Für gewöhnlich folgt das Beste zum Schluss. Außergewöhn-
liche Situationen hingegen halten schon auf dem Weg hier
und dort einige Überraschungen bereit. Bei Wundern gar
darf das Schönste auch gleich zu Beginn erzählt werden.

Rund zehn Jahre ist es her, dass ich manomama gegründet
habe. Eine bis heute einzigartige Geschichte einer völlig
verrückten Idee, nämlich der, eine Firma ausschließlich für
Menschen zu gründen, die es auf dem Arbeitsmarkt nicht
nur nicht einfach haben, sondern geradezu unmöglich
schwer, also: Frauen älteren Semesters, Menschen mit Migrationshintergrund, Gehandicapte, Schulabbrecher. Mein
»sozialromantisches Hirngespinst« von einst, wie ich es
mir oft anhören durfte, ist nicht Geschichte geworden, sondern inzwischen eine feste Größe in der mittelständischen
Wirtschaft in Bayerisch-Schwaben. Ein Unternehmen von
Menschen für Menschen. Eine Heimat für uns alle, die wir
vorher an keinem Ort zeigen durften, was in uns steckt. Ein
Fachbetrieb mit über 4000 Jahren Kompetenz. Ein Ort, an
dem Menschen, die jahrelang aus der Leistungsgesellschaft
ausgeschlossen wurden, wieder Fuß fassen können und
Teilhabe an unserer Gesellschaft erfahren. Viele der Ladys
und Gentlemen, die in der nachfolgenden Geschichte erwähnt werden, sind nach wie vor Teil unserer Familie, einige durften wir in die wohlverdiente Rente begleiten, wieder
andere wurden Mütter und werden zurückerwartet, und
wenige weilen nicht mehr unter uns. Wir sind ihnen mit

großer Trauer verbunden. Schließlich waren und sind es wir alle von manomama, jeder Einzelne von Anbeginn, der diese wunderbare Geschichte mitgestaltete und weiterhin mitgestaltet.

Wie derzeit: Mit aller Kraft und mit großem Einsatz erfinden wir uns neu und setzen neue Schwerpunkte in der Fertigung ökologischer Bekleidung regionaler Wertschöpfung. »Wir müssen uns nicht mehr verstecken«, sagte mir Rosi, mittlerweile ebenfalls in Rente und weiterhin bei uns tätig, unlängst. Ich kenne meine Rosi, und ich weiß, wie sie es gemeint hat.

Wie alle anderen, die die vergangenen zehn Jahre genutzt haben, das Nähen in Perfektion zu erlernen, beschleicht uns ein komisches Gefühl, wenn wir erwähnen, bei manomama zu arbeiten. Die Reaktionen reichen von »Ah, bei der Werkstatt für Menschen mit Behinderung?« bis hin zu »Ja, kenn ich, diese sozialpädagogische Einrichtung!«. Ich selbst muss dabei oft schmunzeln, beweisen diese Ausführungen doch, dass ein soziales und faires Miteinander nach wie vor nicht Grundlage der Wirtschaft ist und es noch viel zu tun gibt. Für meine Kolleginnen und Kollegen hingegen sind Reaktionen wie die erwähnten mittlerweile sogar kränkend. Sie selbst sehen sich zu Recht als vollwertige, kompetente Mitglieder einer Gemeinschaft, nämlich unserer Gesellschaft. Als zu Beginn der Pandemie über Nacht Hunderte Anfragen eintrudelten, ob wir Masken fertigen könnten, ging ich zu meinen Ladys und Gentlemen und fragte sie, ob sie sich vorstellen könnten, die Fertigung sofort umzustellen. Mir war nicht wohl dabei, wusste ich doch, dass Veränderungen, gerade wenn es um die Sicherheit von Arbeitsgängen geht, nur sehr zögerlich angenommen werden. Zu groß ist die Angst bei einigen, zu versagen. Zu tief sitzen die Erfahrungen, die meine Menschen vor der Zeit bei manomama machen mussten. Es dauerte keine Sekunde, da bekam ich bereits die Antwort. Eine einhellige.

»Was ist das für eine Frage!«, betonte Gerda.

»Natürlich machen wir das!«, sagte Ehsan.

»Das können wir!«, hieß es von Rosi.

»Ist es nicht schön, dass wir auch mal was zurückgeben können?«, fügte Gerda hinzu.

Mir standen die Tränen in den Augen. In diesem Satz lag das Ende meiner Arbeit, nämlich, Menschen wieder die Teilhabe an der Gesellschaft zu ermöglichen. Wer zurückgibt, sieht sich als Teil einer Gemeinschaft.

Gemeinsam erlebten wir das Happy End von manomama. Nach zehn Jahren. Das Beste folgt also doch zum Schluss, und gleichzeitig läutete dies einen Neubeginn ein, den Anfang einer neuen Zeit bei manomama – der kompetenten Manufaktur, die entstand, als man einen Haufen Menschen, die in den Augen von HR-Abteilungen skillfrei waren, in eine Halle steckte und zu kämpfen begann: mit Nähten, gegen Widerstände, für Fairness und Teilhabe. Ein Weg, der nie zu Ende gehen wird. Dafür machen wir gemeinsam weiter mit euch.

Danke an alle, die uns bis heute auf unserem Weg begleitet haben und weiterhin dabei sind. Zusammen mit euch möchten wir die Welt auch weiterhin verändern, denn sie braucht es.

September 2021,

Eure Sina mit Ladys & Gents

1

RETTE DIE WELT

B itte zum Hauptbahnhof«, informierte ich den Taxifahrer, während ich neben ihm Platz nahm. Seiner unverständlich gemurmelten Antwort mit unfreundlich-muffeligem Unterton zufolge beschloss ich, mich weniger um ein möglicherweise nettes Gespräch mit ihm zu kümmern. Lieber nutzte ich die zwanzig Minuten, um etwas gelangweilt durch eines der mitgenommenen Frauenmagazine zu blättern.

Seit vielen Jahren pendelte ich zwischen meinem Wohnort Augsburg und Wuppertal, weil ich dort einen Kunden in Marketingfragen und Kommunikation betreute. Ebenso an diesem Tag, dem 30. November 2009. Während meine Aufgabe im digitalen Bereich lag, schaltete mein Kunde aber auch im Printbereich oftmals Werbung. In Frauenzeitschriften. So war ich bei jeder Rückreise stets gut versorgt mit leichtem Lesestoff.

Kurz vor 13 Uhr. Klasse, dachte ich, da schaffe ich den Zug um 13.14 Uhr noch. Völlig ausgelaugt und inhaltlich leer von einem dieser netten »Keks-Meetings« (so nenne ich unnütze Treffen ohne Ergebnis, dafür mit gefülltem Bauch dank Keksen und Kaffee in Unmengen) setzte ich mich auf eine Bank am Gleis 1 des Wuppertaler Hauptbahnhofs. Die Restzeit bis zum Eintreffen des ICE, der mich zurück nach Augsburg bringen sollte, verbrachte ich erneut mit belanglosem Durchblättern der Heftchen. Das Wertigste schien mir nach Überfliegen der Headlines im Schnelldurchlauf das Cover: eine violett schimmernde Heißfolienprägung mit holografischen Mustern. Aktuell der letzte Schrei im Printbereich. Gute Inhalte auf der ersten Seite reichen schon lange nicht mehr aus, um den Platzierungskampf am Kiosk gegen unzählige Konkurrenzprodukte zu gewinnen. Eine einfache Gestaltung gewinnt längst keine Aufmerksamkeit mehr.

Achtlos, aber ordnungsgemäß schmiss ich die Zeitschrift ins Papierfach des Sortierbehälters neben mir. Schließlich hatte ich noch zwei weitere in meiner Handtasche für die lange Fahrt.

Dem Nichtstun bis zur Zugankunft wirkte ich, schon traditionell für einen »Digital Immigrant«, wenn eine Minute der Ruhe androht, mit dem obligatorischen Griff nach meinem Smartphone entgegen. Kurz wollte ich meine E-Mails abrufen – und schon war ich wieder in meinem Job versunken. Aber nicht komplett.

Ein Rascheln neben mir zog meine Aufmerksamkeit auf sich. Ein Mann, vielleicht Mitte vierzig, griff beherzt in den Sortierbehälter und fischte eine Frauenzeitschrift heraus. Genau jenes Heft, das ich achtlos hineingeworfen hatte. Als ob er es wusste, schenkte er mir ein dental äußerst lückenhaftes, aber umwerfend ehrliches Lächeln. Zeitgleich befreite er fast liebevoll das Magazin von Fremdmüll. Voller Stolz verstaute er seinen »Schatz« in einem Stoffbeutel, lächelte erneut und wechselte gezielten Schrittes das Gleis.

13.12 Uhr – »Auf Gleis 1 fährt in Kürze ein: der ICE Nummer 681 von Hamburg nach Köln über Solingen-Ohligs.

Beim Einfahren bitte ...«, ertönte die mir gut bekannte Durchsage. Aber ich nahm kaum Notiz davon. Vielmehr verfolgte ich gespannt den Zeitungssammler mit meinen Blicken. Trotz räumlicher Distanz von mittlerweile zwei Gleisen schien er es zu merken, denn er blieb prompt stehen und nahm das Magazin aus seinem Jutebeutel. Sichtbar stolz hielt er das Heft mit ausgestrecktem Arm in die Höhe, anschließend den Daumen der anderen Hand und nickte mir erneut freundlich zu.

Ich schmeiße unachtsam weg, was sich andere aus dem Müll fischen, weil sie es sich nicht leisten können, schoss es mir durch den Kopf. Da war er wieder. Einer dieser unglücklichen Umstände, die mich in letzter Zeit immer häufiger beschäftigten. Diesmal aber sollte es der unglückliche Umstand werden, der alles ändert.

»Hallo«, rief ich, zunächst leise, dann etwas lauter. »Halloooo! Ich habe hier zwei weitere Magazine. Kommen Sie doch noch mal zu mir rüber!«

Der Mann blickte mich aus der Entfernung an, und ich hatte den Eindruck, er würde über meine Worte nachdenken. Über zwei Gleise hinweg musterten wir uns, als der einfahrende ICE unsere Blicke abrupt trennte. Mit den Zeitschriften in der Hand wartete ich. Und wartete. Und stieg nicht in den Zug. Ich konnte nicht. Wie oft habe ich in den vergangenen Monaten darüber nachgedacht, was mich davon abhielt, in diesen Zug zu steigen. Ich weiß es bis heute nicht.

Als das Zugende den Bahnhof passierte, sah ich den Mann die Treppen der Unterführung hinaufsteigen. Er kam mir freudestrahlend entgegen.

»Verzeihen Sie, die Dame, ich kann nicht schneller gehen«, entschuldigte er sich. »Und nun haben Sie meinetwegen auch Ihren Zug verpasst«, fuhr er fort.

»Nein, nein, das macht nichts. Bitte!«, sagte ich und überreichte ihm die beiden anderen Magazine. Ein Modeheft mit goldenem Umschlag und eines dieser Psycho-Frauenblätter, ebenfalls in weihnachtlichem Design. Schließlich stand das Christkind bald vor der Tür. Der Mann nahm mir die Magazine einem Schatz gleich aus der Hand, prüfte die Gestaltung der Cover und ließ die beiden Zeitschriften zufrieden in seine Tasche gleiten.

Ob des hohen Interesses an etwas, was mich nicht einmal zu einem müden Lächeln verleitete, fragte ich frei heraus: »Verzeihen Sie meine Neugier, aber wieso interessieren Sie sich so für Zeitungen? Ich meine, und verstehen Sie mich nicht falsch, es sind Hochglanzblätter für modebewusste Frauen und nicht für ...« Ich stockte. In diesem Moment wurde mir bewusst, dass es nicht in Ordnung wäre, das gedachte Ende meines Satzes auszusprechen. Mein Gegenüber löste die unangenehme Situation auf. Er begann zu schmunzeln und zu erzählen.

»Nicht für Zeitungen interessiere ich mich, die Dame. Nur für, wie sagten Sie, Hochglanzblätter für die modebewusste Frau. Und das aber auch nur in der Weihnachtszeit.«

Nun war ich völlig perplex, und auf meinem Gesicht muss auch ein entsprechend dümmlicher Ausdruck gelegen haben. Er lächelte weiter, während er mit seiner Schilderung fortfuhr: »Meine Frau und ich sind obdachlos. Wir wohnen hier gleich um die Ecke, hinter dem Bahnhof. Wir sammeln Flaschen und kommen so über die Runden.«

Immer noch stand ich ratlos da, doch der Mann löste schließlich das Rätsel.

»Die Magazine sammle ich nur vor Weihnachten. Aus den glitzernden Umschlägen machen wir uns unseren Weihnachtsschmuck!« Zur Bekräftigung seiner Aussage hob er den Kopf, dann ging er weiter seiner Wege.

Ich hingegen stand wie angewurzelt am Gleis. Freude und Scham stiegen gleichzeitig in mir auf. Scham, weil ich just in den vergangenen Minuten miterlebte, welche Menschen in meinem Land zu kämpfen haben, Menschen, die oft unsichtbar sind. Oder, besser gesagt: nicht gesehen werden möchten. Die Freude überfiel mich eher unerwartet. Es fühlte sich an wie Dankbarkeit. Dankbarkeit dafür, dass ich diese Begegnung erleben durfte, denn sie brachte mir Erkenntnis und Antwort, wonach ich längst gesucht habe, aber mich niemals getraut hatte, danach zu fragen: dem Sinn meiner Arbeit.

Die Zugfahrt war lang, und meine Gedanken waren tief. In Wuppertal war ich eingestiegen mit der Erkenntnis, dass meine Arbeit als Werberin zumindest ein bisschen Sinn machen könnte. Meine eigentliche Aufgabe, nämlich teils unnütze und teils überflüssige Produkte mittels Werbung an den Mann oder die Frau zu bringen, erschien mir in Zeiten des völligen Überflusses kaum bedeutungsvoll. Anders hingegen war es bei dem Herrn gewesen, den ich eben kennengelernt hatte und dem ich unbeabsichtigt letztlich Werbematerial für schönen Weihnachtsschmuck geliefert hatte. War das nicht wenigstens ein bisschen sinnvoll? Nach Köln und Mannheim kam ich jedoch zu dem Entschluss, dass dieser Sinn nicht einmal einem Tropfen auf dem heißen Stein gleichzusetzen ist, und so dachte ich via Stuttgart weiter nach.

Ich helfe dabei, dass sich Menschen stets das neueste Elektrogerät anschaffen, obwohl das alte noch gut ist. Ich vermittle dem Konsumenten, dass er nur dann wirklich etwas darstellt, wenn er besonders stylischen Modeschmuck hat. Den natürlich wöchentlich wechselnd, überlegte ich im Stillen. Je länger ich in Gedanken meine Tätigkeiten der letzten Jahre durchging, umso frustrierender war es für mich. Ich fand in allen Arbeitsbeispielen, die ich gedanklich abspazierte, nicht ein einziges Projekt, von dem ich behaupten konnte, es wäre für mich sinnvoll gewesen. Es gab Kampagnen und Websites, mit denen ich zufrieden war. Natürlich. Ich hatte da handwerklich gute Werbearbeit abgegeben. Dennoch: Mir kam keine Aufgabe in den Sinn, die sinnvoll war. Eine, die die Welt verbesserte. Oder zumindest meine Welt verbesserte.

In Ulm öffnete sich die Tür zu meinem Abteil. »Isch der Platz noch frei?«, fragte eine freundliche Stimme. Sie gehörte einem nicht minder sympathisch aussehenden, leicht untersetzten Mann, den ich auf um die sechzig schätzte. Zunächst verstaute er seine abgegriffene Ledertasche auf der Ablage, gefolgt von einer braunen Cord-Schiebermütze. Danach hängte er sein kariertes Sakko an den Haken neben dem Fenster. Die ledernen Ellbogenflicken an seinem Jackett waren richtig abgewetzt. Anschließend nahm er direkt mir gegenüber Platz. Er lächelte mich an. Ich lächelte zurück. Es dauerte nicht lange, bis wir ins Gespräch kamen und ich ihm von meinem bewegten Bahnhofserlebnis berichtete. Auch davon, dass ich nun zumindest ein wenig Sinn in meiner Arbeit gefunden hatte.

»Sehen Sie«, sagte er. »Alles hat einen tieferen Sinn, wenn man nur bereit ist, auf die Suche zu gehen!«

»Nächster Halt Augsburg Hauptbahnhof. Aussteigen in Fahrtrichtung rechts«, unterbrach uns die Lautsprecherstimme. Ich griff zu meiner Jacke, nahm meine Tasche und öffnete die Abteiltür. »Gute Weiterreise«, sagte ich zu meinem Mitreisenden.

»Man darf nicht nur nach dem Sinn der eigenen Arbeit suchen, sondern vielmehr nach der Wirkung für unsere Gesellschaft.« Mit diesen Worten verabschiedete er mich. Und ich mich langsam, aber sicher von meinem bisherigen Berufsleben.

Zu Hause angekommen, warteten bereits meine beiden Männer und ein herrlich gedeckter Abendbrottisch auf mich.

»Hallo Schatz«, begrüßte ich Stefan und gab meinem Mann einen Kuss auf die Wange. »Ich muss dir unbedingt etwas erzählen!«

»Sina, lass uns erst etwas essen, der Filius hat Hunger«, bremste mich Stefan aus.

Gemeinsam nahmen wir Platz, und unser Filius schilderte mir stolz seinen Kindergartentag. Familienidylle pur, hätten wir uns nicht für den modernen Lebensstil des offenen Wohnens entschieden. Dann nämlich wäre es nicht aufgefallen. Mitten im Erzählen stand der Kleine vom Esstisch auf und nahm seinen noch halbvollen Teller. Schnurstracks ging er in die Küche. Ohne mit der Wimper zu zucken, öffnete der Vierjährige den Mülleimer und donnerte beherzt sein Abendbrot in die Tonne. Wie gelähmt sahen wir zu.

Nach kurzer Schockstarre rannte ich zu ihm, riss ihm den Teller aus den Fingern und wurde laut: »Filius, spinnst du? Du kannst doch Wurst und Brot nicht einfach wegschmeißen!«

Völlig verdutzt sah mich mein Sohn an und erwiderte: »Wieso? Im Kindergarten machen wir das auch so, wenn wir satt sind.«

Da war das i-Tüpfelchen. Heute Mittag schmiss ich unachtsam Zeitungen weg, die ein anderer wieder aus dem Müll fischte. Und nun fischte ich etwas aus dem Müll, was mein Kind nicht mehr essen mochte.

Das war die Stunde null. Meine Entscheidung war getroffen. Schon längst hätte ich sie treffen sollen, aber bislang hatte ich dazu nicht den Mut aufgebracht. Ich bin Werberin. Ich kann alles verkaufen. Aber sooft ich es auch versuchte – mich selbst kann ich weder (für dumm) verkaufen noch blindlings bescheißen. Ist auch nicht meine Art. War es ebenso nie. Deshalb mochten mich meine Kunden. Und ich sie.

Mit der Zeit aber wich der normale Menschenverstand aufgeblasenem Consulting-Blabla, der verantwortungsvolle Umgang mit fremdem Geld der sinnlosen Prasserei. Auf Einwände und Anmerkungen wie »Lassen Sie uns doch Budget-sensitiv arbeiten«, erhielt ich immer öfter Antworten wie: »Machen Sie Ihren Job – ist doch nicht Ihr Geld!« Mit zwanzig war die wunderbare Welt der Werbung für mich Faszination und Ansporn zugleich gewesen. Mit fünfundzwanzig und gut genährten Drei-Sterne-Fraß-Hüften fuhr ich schicke Autos und war immer »on tour«; es war das Beste, was mir passieren konnte. Erfolg, Geld und einfach jede Menge Spaß. Das Schönste dabei: keine Verantwortung. Keine Rechenschaft. Dafür Party, Party, Party.

Und dann kam der Filius. Und mit ihm erste Zweifel. Der Mensch braucht keinen fünften Rasenmäher, er braucht ein Lächeln. Gemeinsam gekochter Grießpudding ist viel schmackhafter als Kobe-Rind auf Zuckerschoten an einem Hauch von Tonkabohnen-Sud. Ein Satz wie: »Mama, warum bist du heute Abend schon wieder weg?« schmerzte viel mehr als Kundenaussagen wie: »Und wenn die Deadline nicht gehalten wird, sind Sie dead!« Mein Sohn zeigte mir täglich, was wirklich wichtig ist im Leben.

Während ich Wurst und Brot wieder aus der Tonne nahm und die Lebensmittel säuberte, wurde mir klar, was mein Zugabteilmitfahrer meinte, als er sagte, man müsse nicht nur nach dem Sinn der eigenen Arbeit, sondern vielmehr nach der Wirkung für unsere Gesellschaft suchen.

Ich musste umdenken. Und ich wollte versuchen, meinem Sohn und seiner Generation das zu geben, was in meiner Kindheit noch einigermaßen in Ordnung war: eine Welt, in der nicht nur Geld und Gier zählten. Ein Umfeld ohne Überfluss, ein zwischenmenschlicher Umgang, der fair und ehrlich war. In einer Umwelt, die zumindest einigermaßen an das erinnert, was ich sehe, wenn ich die Augen schließe. Während mein Mann unseren Spross ins Bett brachte, beschloss ich beim Wurstputzen meinen neuen Wirkungskreis, meine neue Aufgabe: Ich wollte die Welt verbessern. Auf meine Art. Manomama war geboren.

2

ERST DER SPASS, DANN DIE ARBEIT

Wenn man eine Firma gründet, dann liegt dieser Idee in nahezu allen Fällen eine gute Produktidee zugrunde. Etwas Neues, etwas noch nie Dagewesenes. Oder etwas Dagewesenes, jetzt aber neu und mit verbesserter Rezeptur. Oder einfach das, was Werber »rasierte Stachelbeeren« nennen. Etwas, das selbst die übersättigte Gebrauchsgüterwelt nicht benötigt, die Werbung aber gut an den Kunden bringt. So ist dies nun mal in unserer konsumdiktierten Welt. Das alles aus einem einzigen Grund: Geld. Anderes zählt nicht.

Was Geld und das Haben-Müssen betrifft, war ich schon immer »falsch« gepolt. Ich bin in bayerisch-ländlicher Idylle zur Welt gekommen und habe meine Kindheit und Jugend in einer unspektakulären Kleinstadt unweit Augsburgs verbracht. Mir fehlte es an nichts, ich benötigte aber auch oftmals nicht, was meine Schulkameraden dringend haben mussten. Weder zierten die neuesten Barbie-Kleider meine Puppe, noch fand ich es jemals interessant, mein Taschengeld in Sammelkarten zu stecken. Selbst als Teenie war ich anders als die anderen. Ich kann mich noch gut erinnern: Ohne Converse-Chucks und Levis 501 war man ab der fünften Klasse nicht mehr akzeptiert. Das interessierte mich aber reichlich wenig. Und so ging ich täglich in Lieblingsjogginghose, T-Shirt und, zum Leidwesen meiner Mutter, in dem alten und ausgedienten Schurwolljanker meines Vaters ins gesittete Mädchengymnasium. Meine Mitschülerinnen fanden mich uncool, was mich persönlich ebenfalls störte. Im Gegenteil: Je wichtiger den Mädchen der Status wurde, umso mehr hielt ich dagegen. Mir ging es immer ums Machen, nie ums Sein. Fürs Machen war Geld irrelevant, fürs Sein unumgänglich.

Nach meinem Abitur und erfolgreich abgebrochenem BWL-Studium gründete ich dann zusammen mit Stefan eine Werbeagentur. Nicht, um damit finanzielle Reichtümer zu scheffeln, sondern weil wir glaubten (und es sollte sich herausstellen, dass wir recht behielten), dass wir gut in dem sind, was wir machen. Dass wir Spaß daran haben zu kommunizieren – was in einer Werbeagentur unerlässlich ist. Dass es eine Werbeagentur wurde, war im Grunde nichts anderes als Zufall. Überhaupt basiert die Beziehung zu meinem Mann auf reinem Zufall. Kurz vor meinem Abitur feierte ich mit einigen Freunden im Café Odeon in Augsburg meinen »Abschied«. Klar war, dass ich nach dem Abitur Kommunikationswissenschaften in Köln studieren wollte, alles schien bereits in trockenen Tüchern zu sein.

Die Abschiedsfeier war bereits fortgeschritten, und es setzten sich einige mir unbekannte Jungen an unseren Tisch, allesamt Studenten der Augsburger Uni. Es wurde ein feuchtfröhlicher, lustiger Abend, ohne große Erinnerungen am nächsten Morgen. Einzig dieser blondgelockte Typ mit dickem, weißem Rollkragenpullover blieb mir im Kopf. Nicht, weil ich ihn besonders anziehend fand. Im Gegenteil. Dauernd wusste er alles besser, sprach, als wäre er bereits Verfassungsgerichtspräsident. Dabei steckte er gerade erst mitten im Jura-Studium. Egal, dachte ich. Trotzdem ein wunderschöner Abend.

Zwei Wochen später – ich war gerade auf dem Heimweg von meinem Journalisten-Nebenjob bei der hiesigen Zeitung – wollte ich eine Kleinigkeit essen. Das Odeon lag direkt auf dem Weg. Kurzerhand betrat ich das Bistro und steuerte den einzigen noch freien Tisch im Raum an. Am Nebentisch saß ein junger Mann in legeren Jeans und Polohemd.

»Geht es?«, fragte er, als ich mich ein wenig quetschte, um auf der Bank einen Platz einzunehmen.

»Klar«, antwortete ich mit einem Lächeln.

Aus den wenigen Worten wurden fünf Stunden gute Unterhaltung. Mir kam es vor, als würde ich ihn längst kennen. Er schien ähnlich zu fühlen. Anschließend bot mir Stefan, so hieß er, an, mich nach Hause zu begleiten. Auf dem Heimweg klärte sich unser vertrautes Gefühl, als wir darüber sprachen, was wir so »machten«. Er studiere Jura, erzählte er. Und ich informierte ihn über Abitur und Köln. Auf einmal sahen wir beide uns kritisch in die Augen. Auf einmal platzte es aus mir heraus: »Sag mal, bist du dieser Winkeladvokat, der mich vor zwei Wochen im Odeon so genervt hat?«

»Wenn du diese kleine Medientante bist, die noch nicht einmal Abitur hat, dann ja«, konterte er.

Wir beide mussten lachen. So sehr, dass wir kaum aufhören konnten. Bis heute, nach über fünfzehn Jahren Beziehung.

Aus Stefans Jura ist nichts mehr geworden, genauso wenig wie aus meinem BWL-Studium, das ich alternativ in der Heimat anfing, um bei meinem Freund zu bleiben. Nicht, weil wir es nicht geschafft hätten. Wir hatten einfach keine Zeit mehr dafür, da wir unsere eigene Werbeagentur gründeten. Aus Zufall. Zufall deshalb, weil Stefan neben seinem

Studium als IT-Spezialist jobbte. Ein Bereich, der ihm eigentlich mehr Spaß bereitete als Jura. Für einen befreundeten Kunden hatte er 1999 einen Online-Shop für bunte Plastikuhren programmiert. Den ersten überhaupt. Voller Stolz präsentierte er mir sein Werk und bat mich um meine Meinung.

»Ganz ehrlich?«, fragte ich ihn.

»Ja!«

»Sieht scheiße aus!«

»Bitte? Hast du gesehen, wie man das Produkt in den Korb legen kann und dann direkt auf ein Formular …«

Ich unterbrach ihn. »Sieht trotzdem scheiße aus. Kein Design!«

»Dann mach's doch besser!«, schnauzte Stefan mich enttäuscht an und ging wutentbrannt aus der Wohnung.

Einige Stunden später kam er wieder, mit einem Rechner unter dem Arm. Diesen stellte er auf meinen Schreibtisch, setzte sich auf meinen Stuhl und schaltete den Computer ein. Anschließend startete er Adobe Photoshop, stand auf, bot mir demonstrativ den Platz an und sagte: »Hier, bitte. Mach es besser!«

Ich nahm Platz, während Stefan seine Jacke nahm und ein weiteres Mal verschwand. Da saß ich nun. Alleine, vor einem Programm, das ich nicht kannte, und ohne die geringste Ahnung, wie man es bedienen sollte. Den gesamten Abend verbrachte ich mit dem unbekannten Fotobearbeitungsprogramm. Mit zunehmender Zeit fiel mir die Bedienung leichter. Ja, es begann sogar Spaß zu machen.

Ui, dachte ich, als mein Blick auf die Uhr fiel. Kurz vor drei Uhr! Ich wollte das Layout aber noch fertigstellen. Um halb fünf Uhr morgens war ich mit meinem Erstlingswerk zufrieden: die Gestaltung eines schicken Uhrenshops.

Am nächsten Morgen, gegen zehn, kam Stefan mit frischen

Brötchen und weckte mich mit einer dampfenden Tasse Kaffee, am Bett serviert.

»Sorry, Schatz«, begann er. »Sorry, dass ich gestern so überreagierte. Ich war so stolz auf die Website und fand deine ehrlichen Worte unfair!«

»Musst dich nicht entschuldigen«, entgegnete ich. »Hast ja recht. Der Shop ist wirklich schön, nur sieht er nicht so toll aus. Aber, komm!« Ich sprang aus dem Bett und zog Stefan an der ausgestreckten Hand ins Wohnzimmer zum Rechner. Während ich ihm den Stuhl unter den Hintern schob, fuhr ich mit der Maus zweimal hin und her, um den Bildschirmschoner abzulösen. Dann erschien auf dem Bildschirm Photoshop. Und darin mein Erstlingswerk.

»Ich werde verrückt, das ist ja geil!« Stefan war baff. Er begutachtete das Layout der Startseite und nickte zustimmend mit dem Kopf. »Mach du noch die Gestaltung der weiteren Einzelseiten, ich bau schon mal das Layout der Startseite ein«, entschied er.

»Nein, Stefan«, antwortete ich. »Wir suchen uns jetzt ein Büro, stellen Rechner mit diesen tollen Programmen rein und machen eine Agentur auf. Du übernimmst die Technik, ich das Design.«

»Was?« Stefan sah mich ungläubig an. »Ich studiere Jura, Sina!«

»Ja, eben. Willst du als arbeitsloser Jurist Taxi fahren oder das machen, was dir Spaß macht?«

Vier Wochen später waren unsere Studierbemühungen Geschichte, und wir hatten ein Büro. Weil wir Spaß haben wollten.

»Suche dir einen Job, der dir Spaß macht. Dann wird es ein Erfolg, und das Geld kommt ganz automatisch.« Diese Worte haben mir meine Eltern mit auf den Weg gegeben.

Als Jugendlicher empfindet man derartige altkluge Redens-
arten der Vorgängergeneration als Bevormundung. Jahre
später, nach geraumer Zeit in der Arbeitswelt, setzt die Erkenntnis ein. Weil man den Wahrheitsgehalt der altklugen
Weisheit – im schlimmsten Fall – selbst erfuhr. Ich hingegen
durfte es vielfach miterleben. Sie miterleben, ihren Auf-
und Niedergang: Menschen, die sich ihre Arbeit nach dem
Verdienst aussuchten, nach einigen Jahren Lohnsklaverei
und für das permanente Streben nach mehr stets 120 Prozent gaben, völlig ermattet die Flügel sinken ließen und sich
mit einem ausgewachsenen Burn-out aus der ersten Arbeitswelt verabschiedeten. Oder durch falschen Leistungsdruck erst gar nicht in die Arbeitswelt einstiegen. Ich erinnere mich sehr gut an einen meiner ersten Praktikanten in
unserer Werbeagentur.

»Mensch, Sina, könnt ihr mir einen Gefallen tun?«, bat
mich der Marketingleiter eines Unternehmens, für das wir
arbeiteten.

»Was denn?«, erwiderte ich.

»Der Bub von meinem Chef hat gerade sein Abi geschafft
und weiß nicht so recht, was er machen soll. Jetzt möchte
der Vater, dass er in die Werbung reinschnuppert. Kannst
du ihn ein paar Wochen aufnehmen?«

»Na gut«, sagte ich. »Ich sehe ihn mir an.«

Das tat ich auch zwei Tage später. Pünktlich um acht saß
mir ein junger Mann gegenüber, mit kurzen blonden Haaren, ordentlich gekleidet und mit ebenso ordentlichen Abi-
turnoten. Hannes, neunzehn Jahre, bekam keinen Ton heraus. Es dauerte eine ganze Weile, bis das Eis brach. Nach
einigem Geplänkel nahm das Gespräch dann Ernsthaftigkeit an.

»Was möchtest du später einmal werden?«, fragte ich den
schüchternen Jungen.

Langes Schweigen. Der Blick des Abiturienten ging Richtung Boden – und nichts passierte. Ich wiederholte meine Frage etwas unkonkreter:

»Was würde dir Spaß machen?«

Fast schon erschrocken sah er mich jetzt an und sagte leise: »Frau Riefle (damals hieß ich noch so), ich wurde noch nie gefragt, was mir Spaß bereitet. Ebenso wenig, was ich einmal machen möchte. Ich weiß nur, was ich erreichen muss.«

Ich war verdutzt. War es die prompte Offenheit seiner Worte oder aber die unerwartete Reaktion seinerseits? Ich wusste es nicht und fragte deshalb nach.

»Hm. Und was musst du erreichen?«

»Ich muss erfolgreicher als mein Vater werden. Sonst bin ich in meiner Familie ein Versager«, antwortete Hannes.

Mir blieb die Spucke weg. Wie kann man seinen eigenen Spross nur so unter Druck setzen, schoss es mir durch den Kopf. Wut stieg in mir hoch. Und ich holte tief Luft.

»Pass mal auf, Hannes«, fing ich meinen Monolog an. »Hör nicht auf diesen Quatsch. Dein Vater ist erfolgreich? Pah, von wegen. Er war nur zum richtigen Zeitpunkt am richtigen Ort.« Ich versuchte den jungen Mann zu ermuntern. »Was bitte ist daran erfolgreich, Millionen zu machen in einer industriellen Boomzeit? Nichts. Wie oft hast du deinen Vater gesehen? An wie viele Male kannst du dich erinnern, dass er lächelnd nach Hause kam? Wann hattest du das Gefühl, dein Vater hat Spaß bei dem, was er tut?« Ich redete mich direkt in Rage.

Ahnungsloses Schulterzucken kommentierte meine Ausführungen.

»Siehst du! Dein Vater hat sich einen Teil vom Kuchen erobert, als es noch einen Kuchen zu verteilen gab. Meine, ja, auch deine Generation muss sich um die Krümel prügeln. Aber glaube mir, wir sollten es anders machen. Suche dir einen Job, der dir Freude bereitet, Hannes, und damit bist du bereits erfolgreicher, als es dein Vater je sein wird!«

Und dann lächelten wir beide. Vier Wochen haben wir gemeinsam in der Agentur verbracht. Anschließend ist Hannes – entgegen den Vorstellungen seiner Eltern – in den Osten Deutschlands gezogen, um an einer Universität zu studieren, statt in einer Werbeagentur eine »Karriere« zu starten. Ob er heute in Geld schwimmt, weiß ich nicht. Ich bin mir aber sicher, dass er bei seiner Arbeit glücklich ist. Weil er Spaß hat und macht, was seinen Interessen und Fähigkeiten entspricht und nicht den Vorstellungen und Wünschen seiner Eltern.

Hochleistungsrosinenpicken

Der Schritt in das Arbeitsleben erfolgt – und dann beginnt der unsägliche Erfolgsdruck. Was große Konzerne und schicke Firmen, hippe Agenturen und erfolgreiche Forschungseinrichtungen mit ihren Menschen »treiben«, ist oft nichts anderes als eine Art finanzielle Enteignung der Gesellschaft durch die Wirtschaft. Es ist einfach: Das Unternehmen fordert über einen sehr individuellen Zeitraum, nämlich »so lange, wie der Einzelne durchhält«, weitaus mehr als 100 Prozent der Arbeitsleistung des Arbeitnehmers und schreibt damit überdurchschnittliche Gewinne. Monetäre Mehrerträge für das Unternehmen. Irgendwann kann dieser Mensch nicht mehr. Ist völlig kaputt. Körperlich – und geistig.

Nun wäre es an der Zeit, dass das Unternehmen einer Ehe gleich seine Verantwortung übernimmt und sich an »in guten wie in schlechten Zeiten erinnert«. Das aber ist

Wunschdenken. Der Mitarbeiter, der nicht mehr funktioniert, nicht über das Normalmaß hinaus Engagement zeigt und Erlöse bringt, wird immer weiter angetrieben zur Höchstform, die er einmal brachte. Das Ende dieser Spirale: der Abgang des Arbeitnehmers mit einem ausgewachsenen Burn-out. Der Human-Resources-Vorstand schüttelt dem Betroffenen ebenso betroffen die Hand – und grinst innerlich. Denn: Es war ein gutes Geschäft. In guten Zeiten hat die Firma mit diesem Mitarbeiter gutes Geld gemacht, in schlechten Zeiten finanziert die Allgemeinheit, unser Sozialstaat und unsere Rentenkassen, die Rehabilitierung und Gesundung des Kranken. Überspitzt könnte man behaupten: Der Arbeitnehmer finanziert durch seine Sozialabgaben die Wiederherstellung seiner Arbeitskraft. Oder er schaufelt sich sein eigenes Grab.

Ich habe nachgezählt: Allein siebzehn Mitarbeiter sind bei einem meiner damaligen Kunden innerhalb eines Jahres aus »Psychogründen und so« vom Belegschaftsbildschirm verschwunden. Erinnere ich mich an die Arbeitsbedingungen in diesem Konzern, war es nicht verwunderlich.

Die Art und Weise, wie unsere Arbeitswelt ökonomisch und sozial organisiert ist und durchgeführt wird, geht völlig an den Bedürfnissen der Menschen vorbei. Die Ausrichtung sämtlicher Bereiche des Lebens in Richtung Gewinnmaximierung und absolute Effizienz bedingt nur eines: eine inhumane Gesellschaft. Und in einer solchen zu leben und zu arbeiten hält kein Mensch auf Dauer aus.

Diese krude Entwicklung nenne ich »Hochleistungsrosinenpicken«. Personalabteilungen setzen den Effizienz-Rotstift bereits bei der Auswahl der Belegschaft an. Sozialdarwinismus in Reinform. Kleine Knicke im Lebenslauf – und raus damit. Zu alt, zu viele Kinder, Migrationshintergrund, krumme Nase, keine Eins in Religion –

kommt nicht infrage. Jeder Nettolohnempfänger habe gefälligst maximale Leistung bei absoluter Verantwortlichkeit zu bringen. Dieser Satz stammt nicht von mir (abgesehen davon, dass ich allein das Wort »Nettolohnempfänger« eine reine Frechheit finde). Ich durfte ihn mir von einem dieser Kommunikationscoaches, Freiberufler ohne Verantwortung für Mitarbeiter versteht sich, um die Ohren hauen lassen. Meine Antwort darauf war einfach. Schon Adenauer sagte: »Wir müssen Menschen nehmen, wie sie sind. Es gibt keine anderen.«

Die »Arroganz«, sich als Freiberufler oder Unternehmer nur die Besten der Besten herauszupicken, mag unternehmerisch sicherlich eine feine Sache sein, wenn es um die monetäre Gewinnerzielungsabsicht geht. Den wahren Gewinn eines modernen Unternehmens aber sehe ich darin, Menschen, die den strengen Selektionskriterien einer Human-Resources-Abteilung nicht gerecht werden, eine Chance und einen sinnvollen Arbeitsplatz zu geben. Richtig, zu geben. Sozialunternehmer wie ich investieren nicht, sie geben. Vertrauen gar verschenke ich, auch wenn der Volksmund es sich hart erarbeiten lässt. Ich habe die Erfahrung gemacht: Wenn man Menschen Vertrauen schenkt, wird es, zwar langsam, aber sicher, in Verantwortung zurückgegeben.

Was bei dem Human-Resources-Bingo übrigens gänzlich aus den Augen gelassen, ja vergessen wird: Sozialdarwinismus ist völlig kontraproduktiv zur vielfach gewünschten Effizienz. Es ist eine gefährliche Schussfahrt abwärts. Dem Großteil unserer Gesellschaft keine Teilhabe an der Gesellschaft durch Arbeit zu gewähren (und Arbeit ist der Schlüssel zur Teilhabe an einer Leistungsgesellschaft) ist nicht effizient. Die Talente dieser ausgeschlossenen Menschen brachliegen zu lassen und notdürftig durch Hartz IV vor dem kompletten Exodus zu bewahren, während sich die wenigen anderen unter der gesteigerten Leistungsforderung totschuften, dient nur einer Gesellschaft: einer juristischen, gern mit beschränkter Haftung. Nicht aber einer humanen.

In unserem Land ist für jeden Menschen etwas zu tun. Es gibt auch für jeden Menschen, ungeachtet seiner Herkunft, seines Handicaps, seines Alters, seiner Lebensumstände oder seines Bildungsgrads, einen Platz in der Wirtschaft. Man muss ihn nur suchen. Daran glaubte ich immer. Und heute mehr denn je. Deshalb machte ich mich auf die Suche nach der richtigen Arbeit für den richtigen Mitarbeiter. Meine Idee für eine Firma war kein Produkt, sondern der Mensch.

3

NÄCHSTER HALT, AUSSTIEG LINKS

Filius schläft, was wolltest du mir erzählen?«

Stefan kam zurück in die Küche. Er nahm eine Flasche Wein aus dem Regal, öffnete sie, und der Duft von Urlaub in Italien erfüllte nach und nach den Raum. Ich nahm das erste gefüllte Glas und machte es mir auf dem Sofa bequem. Ich nahm allen Mut zusammen, schließlich war es »unser Baby«, welchem ich gleich den Rücken kehren sollte.

»Ich werde die Agentur verlassen«, sagte ich und sah Stefan fragend an. Anstelle der erwarteten Reaktion, nämlich einem ratlosen, vielleicht auch erschrockenen Gesichtsausdruck, erkannte ich ein wachsendes Grinsen auf dem Gesicht meines Mannes.

»Warum lachst du?«, fragte ich völlig irritiert.

»Sina, ich kenne dich nun elf Jahre. Ich habe nur darauf gewartet, bis du es mir erzählen möchtest«, antwortete er.

»Ja, aber ...«

»Ach, Schatz. Ich könnte jetzt sagen, dass du dich in den letzten Monaten sehr verändert hast, aber das wäre viel zu gefährlich für einen Mann.« Stefan grinste weiter. »Lass es mich so erklären: Als du vor wenigen Wochen am Sonntag dem Vorstand eines Kunden per Mail das Arschlochsein quittiertest, war mir klar, dass es Zeit für dich wird, etwas anderes zu machen!«

Dafür liebe ich meinen Mann. Er kennt mich – und kann mit mir umgehen. Ersteres ist einfach, schließlich bin ich ein offener Mensch, Letzteres hingegen die reinste Kunst. Ein guter Freund nennt mich stets »Kraft außer Kontrolle«. Aber dafür gibt es Stefan. Ich erzählte ihm von meinen Erlebnissen am Wuppertaler Bahnhof, auch von der Begegnung im Zug. Entgegen üblichen Erfahrungen herrschte bei uns an diesem Abend zwei Flaschen Wein später Klarheit: Wir werden Menschen, denen sonst niemand eine echte Chance einräumt, eine sinnvolle Arbeit geben. Menschen mit kleinen (und auch großen) Knicken im Lebenslauf – her damit! Zu alt, zu viele Kinder, Migrationshintergrund, krumme Nase, keine Eins in Religion – kommt zu uns!

Der Grundstein war gelegt: Brachliegende Talente reaktivieren, denen der Effizienz-Rotstift sonst einen Strich durch die Rechnung macht. Die große Frage, die sich aber stellte, war: Welche Arbeit? Je später der Abend wurde, umso abstruser die Ideen. Von spontaner Kinderbetreuung über einen mobilen Kantinenservice für kleine Büros bis hin zur Partyaufräumkolonne am Tag danach war alles dabei. Nichts überzeugte uns. Als wir beschlossen, den Tag zu verabschieden, waren wir uns über drei Dinge einig: Sinn, Sicherheit und Wertschätzung braucht der Mensch. Das nämlich benötigt er, um ein erfülltes Leben leben zu können.

Der Mensch braucht Sinn. In seinem Leben, in seinem Tun. Niemand weiß das besser als ein Werber. Denn: Der beste Freund des Kreativen während seines aktiven Berufslebens ist der Mülleimer. Wie viele Ideen, Konzepte und Skizzen wandern tagtäglich dort hinein. Nicht, weil sie schlecht waren, das Ziel verfehlten oder den eigentlichen Zweck nicht fokussierten. Nein. Rein aus der Tradition, dass der Auftraggeber für sein Geld gern viele Auswahlmöglichkeiten hätte. Sinnfreies Produzieren für das Null-Device. Täglich Brot in zahlreichen Agenturen. Im Laufe der Jahre habe ich das abgestellt. Zu Präsentationen bin ich nicht mehr mit drei Vorschlägen gegangen, habe nicht mehr die eine und die andere Idee vorgestellt. Einzig der Entwurf wurde meinen Kunden angeboten. Zeit ist ein kostbares Gut, Arbeitskraft ebenso. Ressourcenmanagement wurde mein Steckenpferd. Und dennoch hat es mich nicht zufriedengestellt. Ich habe mich so sehr auf die Suche nach dem Sinn meiner Arbeit gemacht. Aber: Wieso bewegte es mich tagtäglich, jenen zu finden und abends nicht wirklich glücklich in die Kiste zu krabbeln, weil ich ihn wieder nicht gefunden hatte? Ganz einfach, denn Sinn im Handeln ist der Nährboden der Zufriedenheit.

Sicherheit ist die zweite wichtige Komponente für ein erfülltes Arbeitsleben. Sicherheit ist Saatgut der Zufriedenheit. Von ihr hängt das Wohlbefinden einer gesamten Existenz ab. Jede Führungskraft, jeder Personaler wird den letzten Satz unterschreiben. Warum? Weil sie mit dem Gegenteil der Sicherheit spielen. Mit Angst. Sie nutzen Angst als Motivator. Sie spielen mit ihr, indem sie stets mit Personalabbau und Arbeitsplatzverlust drohen. Sie jagen ihre Belegschaft Kurzstreckenläufern gleich zur Höchstform – und machen sie kaputt.

»Ich arbeite nur mit Freien«, erzählte mir einmal ein Branchenkollege. »So werden sie nicht fett und faul«, rechtfertigte er sich. Und was ist das Resultat? Dank Zeit- und Leihverträgen, Arbeitnehmerüberlassung und Minijobs kann sich kaum ein Mensch mehr eine sichere Existenz aufbauen. Ein Haus bauen, ein Kind zeugen ohne Sicherheit? Fehlanzeige. Arbeitnehmer, fangt doch mit dem Apfelbaum an, tröstet dann der Arbeitgeber, der ja gern Sicherheit geben will, aber leider nicht kann, weil er insgeheim schlicht nicht will.

Sicherheit und Profit liegen direkt nebeneinander auf den Schalen der Waage. Je mehr Sicherheit das Unternehmen einem Mitarbeiter gibt, umso weniger Geld bleibt unterm Strich für die Firma übrig. Das habe ich aus meinen vier Semestern Betriebswirtschaftslehre mitgenommen. Denjenigen, die weiterstudiert haben, wurde anschließend noch vermittelt, dass es das höchste Gut eines Betriebswirts ist, möglichst viel unter dem Strich zu generieren. Das ging mir gegen denselben, und so kam es, dass bereits zu Agenturzeiten Stefan und ich, beide geschäftsführende Gesellschafter der Unternehmung, nicht die Personen im Unternehmen waren, die am meisten verdienten. Es waren und sind die, die eine Familie allein zu ernähren haben. Sie brauchen Sicherheit, mehr als alle anderen in der Firma. Und sie bekommen sie.

Sinn und Sicherheit aber reichen allein nicht aus. Was bringt eine sinnvolle Aufgabe, die man ein Leben lang ausführen kann, für die man aber keine Wertschätzung erfährt? Was bringt der Traumjob, wenn er die Zeit für Familie und Privatleben komplett auffrisst? Was bringt die schönste Aufgabe, wenn das Team, mit dem man die Aufgaben bewältigen soll, nicht mitzieht?

Am Anfang meines Berufslebens hatte ich ein gutes Auskommen mit Wertschätzung verwechselt. Im Lauf der Jahre lehrte man mich die Differenzierung. Am Ende meiner Werber-Zeit wusste ich: Ein aufrichtiges »Danke, Frau Trinkwalder, es ist eine großartige Arbeit, die Sie geleistet haben« ist mit keinem Geld der Welt zu bezahlen. Fehlen Anerkennung und Wertschätzung, wird selbst die beste

Entlohnung zum Schmerzensgeld. Wertschätzung allein bringt das Saatgut der Zufriedenheit zum Keimen – und Wachsen.

Sinn, Sicherheit und Wertschätzung sind es also, was ich bewusst Menschen geben möchte, überlegte ich, während wir den Ort Richtung Schlafzimmer wechselten.

»Menschen, die in der Wissensgesellschaft keinen Platz haben, die sollten bei uns eine Beschäftigung finden«, murmelte Stefan noch, als er im Bett lag. Im nächsten Moment war er eingeschlafen.

Richtig, dachte ich, Menschen, die im Herzen und in der Hand ihre Stärken haben. Ich rüttelte Stefan noch einmal wach. »Schatz, wir müssen etwas produzieren. Etwas, was man in der Hand halten kann.«

Eine Antwort hörte ich nicht. Ich war wohl auch nicht mehr wach.

4

BILLIG GEWINNT

Es vergingen Tage und Wochen mit alltäglicher Agentur-arbeit. Ich wollte mir Zeit lassen mit meinem neuen Pro-jekt und erst dann meine Mitarbeiter informieren, wenn mein Abschied nahtlos in einen Neubeginn mündete. Dazu aber fehlte nach wie vor die Antwort auf die entscheidende Frage: »Welche Art von Arbeit? Was möchtest du produzieren?«

Im Hintergrund begann Stefan bereits, die Kunden, die ich betreute, zu übernehmen, sodass ich immer mehr Freiräu-me hatte, intensiv über Zukünftiges nachzudenken. Am besten gelingt mir Nachdenken ja in der Badewanne. Oder in einem der schönen Kaffeehäuser in Augsburg. Aber es sollte anders kommen.

Es war ein Freitagnachmittag, und Filius wartete auf seinen Papa-Ausflug zum Spielplatz. Denn: Freitag war Männer-tag. Eigentlich auch Donnerstag, Mittwoch, ja, die ganze Woche. Eine Situation, die mich zunehmend nervte und sich anscheinend doch nicht ändern ließ. Als Agenturler war ich die meiste Zeit unterwegs. Jagte von einem wichtigen Keks-Meeting zum anderen. Manchmal kam ich gerade dazu, die Wäsche zu Hause zu wechseln, und musste bereits wieder los. Ich erinnere mich gut daran, dass ich mir geschworen hatte, meinem Kleinen mehr Zeit einzuräumen, wenn er denn auf der Welt sei. In den vierzig Wochen meiner Schwangerschaft riss ich über 80 000 Flugkilometer herunter und glaubte, mir und dem Kind eine Pause zu gönnen.

Fünf Tage nach der Geburt war ich bereits wieder im Unternehmen, und der Kleine einfach dabei. Die romantische Vorstellung von einer »Babypause« funktionierte aus zwei Gründen nicht: Zum einen wurde aus mir nicht das vielbesagte Gluckentier, zum anderen wäre das seitens meiner Kunden auch nicht akzeptiert worden. Eine berufliche Neuorientierung würde man als Grund für einen (kurzzeitigen) Ausstieg akzeptieren, ein Kind hingegen nicht. Das war die einhellige Meinung im männerdominierten Management der großen Kunden, die ich betreute. Natürlich gab es Ausnahmen. Der IT-Leiter eines Unternehmens war beispielsweise sehr darauf bedacht, dass ich keine Telefonkonferenz mit ihm länger als zwei Stunden durchführte, schließlich »müsste der Nachwuchs an die Brust«. Alles in allem jedoch ist Kind und Karriere eine Utopie. Wäre nicht mein Mann. Er hielt und hält mir den Rücken frei, kümmert sich liebevoll um unseren Sohn – und arbeitet das Liegengebliebene in der Nacht ab. Das ist bis heute so. Der Unterschied zu damals: Heute wissen wir, wofür. Für Menschen wie Iris.

»Filius, Papa hat heute einen Termin. Wir beide gehen auf den Spielplatz«, sagte ich zu meinem Spross.

Ein wenig trotzig zog er die schneller werdende Rotzglocke nach oben, dann aber lächelte er. Immer wenn Filius und ich den Spielplatz aufsuchen, ist das für uns beide ein Highlight.

Er, mit Sandspielzeug bepackt, und ich, ein Buch in den Händen, machten uns also auf den Weg. Gerade angekommen, war er auch schon nicht mehr zu halten. Während ich mich auf eine Bank setzte, arbeitete Filius bereits fleißig an aufgeschürften Knien und Brandblasen, weil er mit Begeisterung sein Können – die stählerne Rutsche bei kurzer Hose in der Hocke hinabzugleiten – unermüdlich übte.

Nahezu unbemerkt gesellte sich eine fremde Frau zu mir. Nach sehr ruhigen, für mich zu ruhigen Minuten begann ich den klassischen Eltern-Erstdialog: »Wo springt Ihr Kleines denn herum?«

»Nirgends«, sagte die Angesprochene in ruhigem Ton.

Ich schien derart dumm aus der Wäsche zu sehen, dass sie sogleich erklärte: »Ich komme öfter hierher. Ich habe Zeit. Und hier tut sich etwas.«

Meine Neugier war geweckt. Auf die Frage nach eigenen Kindern hörte ich ein leises »Leider nicht geklappt«, und nachdem ich mir sicher war, dass die Frau neben mir noch nicht vierzig war, ging ich aufs Ganze.

»Dann haben Sie sicherlich einen tollen Job?«

Hatte sie. Von der Lehre an habe sie in einem Textilunternehmen gearbeitet. Bettwäsche genäht.

»Oh, schön«, sagte ich.

»Ja, war schön.«

»Wieso war?«

»Weil ich der Verlierer bin. Gewonnen haben die billigen Firmen aus dem Osten. Wir hier sind zu teuer. Na ja, waren.«

In meiner Blauäugigkeit sagte ich: »Na, Kopf hoch. Das wird schon wieder. Ein paar Monate Auszeit tut jedem gut, und bald finden Sie sicherlich wieder was Passendes.«

»Jetzt sind es fast acht Jahre.« Die Frau nahm einen Apfel aus ihrer Tasche und biss herzhaft hinein.

Nun wusste ich nicht mehr, was ich sagen sollte.

»Ich will auch einen Apfel!« Filius kam angesprungen, die fremde Dame packte einen geschälten Apfel aus (Filius isst

Äpfel ausschließlich ohne Schale, er könnte ja ersticken!), überreichte ihn meinem Sohn und sagte: »Filius, aber wie immer – erst die Hände am Wasser abwaschen!«

Völlig verdutzt blickte ich erst zu meinem Sohn, dann sah ich die Frau neben mir an. Sie schenkte mir ein kurzes Lächeln inklusive Schulterzucken, erhob sich und verabschiedete sich: »Bis zum nächsten Mal, Filius-Mama!« Und ging.

Am Abend erzählte ich meinem Mann von der Begegnung.

»Ja, Iris«, sagte Stefan.

»Ach, du kennst sie?«, unterbrach ich ihn.

»Ja, eine ganz Liebe. Ist aber nicht mehr so oft da, weil sie jetzt so einen Ein-Euro-Job bekommen hat.«

»Aber sie war doch Näherin?«

»Und ihr wurde wie so vielen gekündigt. Aber schon vor Jahren. Und als reine Näherin, nicht mal Schneiderin, da kriegst du heute keinen Job mehr!«

Gewinner und Verlierer. So einfach machen wir es uns in der heutigen Zeit des Humankapitals und Outsourcings, des Stellenabbaus und Shareholder Values.

Der Nachmittag auf dem Spielplatz mit Iris und Filius ließ mich eines erkennen: Die kleinen Dinge (wie ein geschälter Apfel), die Menschen tun, zeigen, dass der Mensch ein Gewinn ist – für die Gesellschaft. Wenn man ihn lässt. Nach seinen Möglichkeiten. Und Fähigkeiten. Und genau das wollte ich tun.

»Ich werde eine Näherei aufmachen und Menschen wie Iris wieder eine Arbeit geben«, entschied ich.

»Du hast doch keinerlei Erfahrung und Ahnung, was Textil betrifft«, hielt mir Stefan entgegen.

»Richtig«, antwortete ich, »aber ich halte es mit Pippi Langstrumpf. Die nämlich sagte sinngemäß: ›Im Grunde genommen kann ich alles.‹ Und ergänze: Was nicht, lerne ich!«

5

HERR DER NÄHTE

D ie, die im Internet bestellen, können dort auch gleich den Service machen lassen«, schimpfte der ältere Herr mit weißem Bart und langen, ebenso schlohweißen Haaren. Er erinnerte mich ein bisschen an Gandalf aus J. R. R. Tolkiens *Herr der Ringe*. Während Gandalf half, Mittelerde vor dem Exodus zu bewahren, schien dieser Herr, Herr Wilhelm, mit aller Kraft dagegen anzukämpfen, dass der moderne Online-Handel sein Geschäft eliminiert. Das Geschäft »Nähmaschinen R. Wilhelm«. Der einzige Nähmaschinenhändler in Augsburg, den ich nach langem Wälzen im Telefonbuch entdeckte und in der Augsburger Jakobervorstadt aufsuchte. »Bei Problemen kommen sie dann mit einer Billigmaschine aus dem Netz zu mir, und ich soll dann das 79-Euro-Teil reparieren. Für 5 Euro, versteht sich!«, echauffierte er sich weiter.

»Entschuldigung«, unterbrach ich Herrn Wilhelm. »Ich möchte bitte die beste Nähmaschine kaufen, die Sie dahaben.« Das Gesicht meines Gegenübers hellte sich auf. Er führte mich an unzähligen kleinen und größeren Nähmaschinen vorbei, allesamt schwarz und mit reichhaltigen Goldverzierungen versehen. Es kam mir vor, als hätte ich eine Reise in eine andere Zeit angetreten.

»Das ist mein Hobby«, erklärte Herr Wilhelm, »alte Nähmaschinen. Ach, eigentlich sind sie mein Leben. Aber hier, hier ist sie, meine Beste.« Er blieb vor einem riesigen weißen Tisch mit darauf fest eingebauter Nähmaschine stehen. Fast schon zärtlich streichelte er über den Kopf der Maschine und begann sie mir anzupreisen: »Ölfreier Versorgungskreislauf, Servo-Motor für geringen Stromverbrauch, automatischer Fadenabschneider, Fadenwächter, Differenzial- sowie Ober- und Untertransport.«

Abgesehen davon, dass ich außer »geringer Stromverbrauch« überhaupt nichts verstanden hatte, fiel mir ein, dank Herrn Wilhelms Überzeugung, dass diese Nähmaschine nicht nur sein bestes Stück sein musste, sondern exakt meine erste Nähmaschine. Meine allererste.

»Ich nehme sie«, antwortete ich entschlossen.

Verdutzt blickte er mich an. »Wollen Sie nicht einmal den Preis wissen?«, fragte er mich, beinahe ungläubig.

»Nein!«

Herr Wilhelm sah mich noch verdutzter an. »Aber die kostet 3200 Euro!«, verriet er.

»Schön. Qualität hat ihren Preis. Wie gesagt, ich nehme sie.« Zugleich hielt ich Herrn Wilhelm meine Hand für den für mich obligatorischen kaufmännischen Handschlag hin. In der heutigen Zeit mag dies altbacken erscheinen, ich aber pflege diese Tradition seit Beginn meiner Selbständigkeit. Es ist für mich ein Zeichen des Vertrauens.

Verwundert nahm er meinen Handschlag entgegen, dann grinste er freundlich, und ich fügte hinzu: »Was ich noch bräuchte, wäre eine Art kurze Einführung ins Nähen. Können Sie mir eine solche geben?«

»Wie?« Herr Wilhelm riss die Augen auf.

»Ganz einfach«, erklärte ich. »Ich kann nicht nähen. Habe noch nie genäht. Sie müssten mir das mal zeigen!«

»Sie wollen mir sagen, Sie haben noch nie …? Sind Sie verrückt? Sie können doch keine professionelle Industrienähmaschine kaufen, wenn Sie überhaupt noch nie an einer Maschine gesessen haben.« In Windeseile ging er ans andere Ende des Raumes und kam mit einer rosafarbenen Plastikkugel wieder zurück. »Das ist ein solides Anfängermodell! Nehmen Sie das. Hierauf können Sie erste Nähversuche machen. Und wenn Sie es können, dann sehen wir uns wieder«, versuchte er mich umzustimmen.

»Nein, danke«, sagte ich. »Bitte liefern Sie mir die Industriemaschine nach Ladenschluss nach Hause, und es wäre wirklich schön, wenn Sie eine halbe Stunde einräumen könnten, mir die ersten Handgriffe zu zeigen.« Ich lächelte mein Gegenüber an.

»Sie ist verrückt«, nuschelte Herr Wilhelm und schüttelte ununterbrochen den Kopf, während er das »Verkauft«-Schild an die Maschine klebte.

Ich übergab ihm meine Visitenkarte, steuerte auf die Ausgangstür zu und rief ihm ein »schon möglich« nach.

Vier Stunden später klingelte es an unserer Haustür. Wenn man, wie ich, mitten in der Stadt wohnt, ist es eher von Vorteil, dass Haus- und Wohnungstür nicht eins sind. Diesmal nicht. Und so kämpften sich Herr Wilhelm, Stefan und die Industriemaschine Treppenhauswindung um Treppenhauswindung nach oben. Es blieb mir genügend Zeit, um im Bügelzimmer ein kleines Eck für meine neue Errungenschaft frei zu räumen.

Oben angekommen, stellten die beiden Männer restlos außer Atem die Maschine an den vorgesehenen Platz. Herr Wilhelm tupfte sich kurzerhand die Schweißperlen von der

Stirn, steckte den industriellen Schnellnäher ein und überprüfte alle Funktionen.

»Geht«, sagte er zufrieden und fuhr fort: »So. Ganz einfach:
Sie treten das Pedal komplett nach hinten durch, dann geht
das Füßchen hoch. Dann legen Sie den Stoff darunter, Pedal
etwas nachlassen, sodass sich das Füßchen wieder senkt.
Und dann Gas geben! Vorwärts nähen, rückwärts nähen,
verriegeln – wie Sie es möchten. Sie müssen halt üben!«

Er stand auf und wollte mir den Platz überlassen, aber ich
war der Meinung, dieses Kinderspiel könnte ich des Abends
ebenso allein testen. Vielmehr erschien es mir notwendig,
bei den sommerlichen Temperaturen und der Anstrengung
den beiden Männern ein Getränk anzubieten, welches sie
auch dankbar annahmen.

»Wie kommt man eigentlich darauf, sich eine Profimaschi-
ne zu kaufen, ohne nur einen Schimmer Ahnung zu haben?«, eröffnete Herr Wilhelm das Gespräch.

»Och«, antwortete ich, »ich möchte hier in Augsburg wieder an die textile Tradition anknüpfen. Eine große Näherei
aufmachen. Mit Menschen, die keine Chance mehr auf
dem hiesigen Arbeitsmarkt haben.«

Herrn Wilhelm fiel beinahe das Glas aus der Hand. Völlig
erschrocken ob meiner Pläne setzte er sich und begann aus
dem Nähkästchen zu plaudern. Von damals, als Textilien
dort produziert wurden, wo ich sie wieder produzieren
wollte. Er erzählte von den »goldenen Siebzigern«, als die
Versandhäuser noch in Deutschland herstellen ließen und
man Geld verdienen konnte.

»Das waren Zeiten, da hat das Arbeiten Freude gemacht.
Hart war es immer, aber wenigstens blieb am Ende des Tages auch etwas im Säckel.« Ein bisschen wehmütig erinnerte er sich an seine eigene Näherei. »Die haben mich alle
kaputtgemacht. Die Auftraggeber haben einen in den Kel-

ler verhandelt. Aber ich musste deren Vorgaben ja annehmen, sonst wären meine zwanzig Mitarbeiter ohne Arbeit dagestanden. Doch die Behörden haben dagegengehalten.«

»Wie dagegengehalten?«, fragte ich neugierig.

»Ganz einfach, der Auftraggeber sagte: ›Mehr als 14 Mark zahl ich dir für den Mantel nicht!‹ Der Mantel, der dann im Katalog 199 Mark kostete. Die Behörden hingegen haben mich angehalten, nicht für dieses Geld zu produzieren. Das war über kurz oder lang das Ende. Ich musste Geld mitbringen, um meine Mitarbeiter überhaupt noch beschäftigen zu können. Das hält keiner ewig aus, und so gab ich Ende der Achtziger, wie unzählige andere hier in der Gegend, meine Näherei auf. Man muss nur mal daran denken, dass in Augsburg und Umgebung in der Blütezeit des Textils über 40 000 Menschen in dieser Branche arbeiteten. Damals war ich der jüngste Nähmaschinentechniker. Heute …« Er stockte. »Heute bin ich der einzige.«

Hausmacherwurst & Handwerk

Wir leben in einer Wissensgesellschaft. Vor allem: in einer Gesellschaft, die sich schlauer gibt, als sie ist. Zwei Beispiele zeigen es wunderschön: Unsere Kinder halten wir an, bereits im Vorschulalter auf das Abitur zu lernen. Alles darunter wird überhaupt nicht in Erwägung gezogen. »Mein Kind hat das Zeug dazu!«, heißt es oftmals. Aber: Wir achten nicht auf die Voraussetzungen und Fähigkeiten unseres Sprösslings, allein die beste schulische Bildung, nämlich die Hochschulreife mit anschließendem Studium ist unser Ziel. Dass jene Bildung dabei nicht unbedingt die beste für das Kind selbst ist, lässt der ungebrochene Run auf Nachhilfezentren und Schulcoaches erkennen. Allem zum Trotz zwingen wir unsere Kinder in ein Know-how-Korsett, das vielen von ihnen mehr als zu eng ist.

Auf der anderen Seite zeigt sich die Armseligkeit unserer Wissensgesellschaft an der fehlenden Wertschätzung gegenüber dem Handwerk. Nicht nur, dass Lehrberufe als des Losers letztes Los abgetan werden, das Handwerk selbst – einst güldener Stand – ist in unserem gesellschaftlichen Ansehen tief gesunken. »Ich mache mir doch nicht die Finger dreckig«, sagte mir einmal ein Praktikant in der Agentur, als ich ihn bat, mit mir zusammen ein Modell zu basteln. Er modelliere das lieber am Computer. Abgesehen davon, dass ich schneller war, überzeugte mein Modell den Kunden: Sie nahmen es in die Hand, drehten und wendeten es – und blätterten darin. Es war ein greifbares Ergebnis. Und genau das ist es, was uns Wissensgesellschaftsmitgliedern, uns Dienstleistungsarbeitern fehlt: ein greifbares Ergebnis. Etwas, das man mit den eigenen Händen produziert und am Ende des Tages in eben jenen halten kann. Ein haptisches Erlebnis. Ein Stück Zufriedenheit. Als Werber war ich selbst wochenlang damit beschäftigt, Konzepte und Präsentationen zu verfassen. Anschließend wurden diese vorgestellt – und verworfen, vertagt oder auf Wiedervorlage gesetzt. Heute halte ich es mit dem Motto: »Machen Sie Powerpoint, oder haben Sie etwas zu sagen?« Damals aber war ich teilweise derart frustriert, dass ich freiwillig meine Arbeit unterbrach, um zu Hause mit der Zahnbürste den Fliesenboden zu reinigen. Der einzige Grund, warum ich das tat: um ein echtes, ehrliches Ergebnis zu erhalten. In unserer Wissensgesellschaft sind Handwerk, Haptik und Arbeit, bei der man sich auch einmal die Finger dreckig macht, gänzlich verlorengegangen. Nur: Was nützt alles Wissen, wenn niemand es umsetzt?

Was bringen uns unzählige Architekten, wenn niemand das Haus bauen kann? Was sollen Professoren am Stammtisch essen, wenn niemand die Wurst liefert?

Was darüber hinaus vergessen wird, ist die Tatsache, dass es Menschen in unserer Gesellschaft gibt, die keine Lust auf Schule haben, jedenfalls nicht, wenn sie ein Viertel der eigenen Lebenszeit frisst. Oder, und das muss man sich auch ehrlich eingestehen, wenn sie nicht das Zeug dazu haben. Für mich war es die Sehnsucht nach ehrlicher, authentischer Arbeit, die mich den Schritt in die Produktion gehen ließ. Denn ich bin der festen Überzeugung, dass eine Wissensgesellschaft nur dann überlebensfähig ist, wenn sie ihre Wurzeln, das Handwerk, nicht verkümmern lässt.

Darauf ein selbstgebackenes Brot. Mit Hausmacherwurst.

Über eine Stunde erzählte Herr Wilhelm. Je länger er aus der Vergangenheit berichtete, umso trauriger wurde er. Und umso größer wurde meine Wut im Bauch. Wir unterhielten uns noch lange, denn wir erkannten, dass uns beide dasselbe Thema emotional bewegte: Gier. Die Gier des Menschen, geschürt durch eine globalisierte Wirtschaft. Allein unsere Gefühle waren verschieden: Herr Wilhelm resignierte in Traurigkeit. Wenn man bedachte, was seine Generation alles versuchte, um diese Entwicklung zu unterbinden beziehungsweise zu stoppen, verständlich. »Wir haben es nicht verhindern können«, sagte er.

Ich hingegen hielt dagegen, angetrieben durch kraftvolle Verärgerung: »Wir müssen es wieder ändern!«

Ein zaghaftes, nicht überzeugtes Lächeln huschte über seine Lippen, während ich fortfuhr. »Was haben wir denn die letzten Jahrzehnte gewonnen? Nichts, nada, nothing. Wir haben hier unzähligen Menschen, handwerklich begabten

Arbeitern, die nun mal nicht das Zeug zu einem Doktor haben, den man in unserer heutigen Wissensgesellschaft anscheinend braucht, die Arbeit vorsätzlich weggenommen. Wir haben ihnen erzählt, das müsste so sein, schließlich bräuchte Tahisha in Tirupur auch etwas zu essen. Was aber war das Ende vom Lied? Hier haben die Menschen keine Aufgabe mehr und können sich nichts mehr zum Essen erwirtschaften. Und dort, in Südindien, reicht Tahisha das Erwirtschaftete auch nicht zum Leben. Der Einzige, der in dieser Kette gewinnt, ist der Konzern. Er frisst sich fett an Einsparungen in der Produktion und dicker Marge.«

»Das ist richtig«, pflichtete mir Herr Wilhelm bei. »Aber nicht nur die Firmen allein waren es. Sie bekamen einen Freifahrtschein von der Regierung. Ich erinnere mich gut daran, dass die SPD-Regierung einmal eine Kampagne gefahren hat. Sie warb für eine globalisierte Wirtschaft mit Hemden aus Sri Lanka. Zigtausend Menschen wurde vermittelt, sie müssten bitte ein bisschen abgeben von ihrem Kuchen für den globalen Frieden. Die Regierung glaubte damals ernsthaft, dass das Ingenieurs-Know-how aus Deutschland kommt und billig in Asien produziert werden könne. Das änderte sich schnell. Bald schon wurden die ersten notwendigen Maschinen vor Ort hergestellt und hier weitere Arbeitslose geschaffen! Und soll ich Ihnen den Witz an der ganzen Geschichte verraten?«, fragte mich Herr Wilhelm.

»Da gibt es noch einen Witz?«

»Ja, einen bitteren. Nicht ein einziges Hemd kam aus Sri Lanka. Sie sehen, eine Geschichte ohne Happy End. Wie wollen Sie da etwas ändern? Das haben schon viele versucht. Alle sind sie auf die Schnauze geflogen.«

»Na und?«, erwiderte ich. »Aufstehen, Krone richten, weitergehen!«

Und so ging ich los. Oder besser gesagt: Ich nähte los.

6

NAHTSCHICHT

Von wegen, Nähen ist ein Kinderspiel. Es dauerte einige Tage, ja Wochen, diesen Schnellnäher besser kennenzulernen. Eine durchaus sinnvolle Funktion war für den Anfang der Schildkrötenmodus. Ein Schieberiegel steuerte nämlich die Geschwindigkeit. Ausgeliefert wurde die Maschine auf »Hase«, bei mir stand der Schieber auf »Schildkröte«. Diesen fand ich, nachdem ich mir mehrfach die Nadel durch den Finger gefahren und schlichtweg keine Lust mehr auf Selbstverstümmelung hatte.

Einzig rückwärts wollte diese Maschine nicht nähen. Wie ich auch drückte, diese Wundernähmaschine nähte nicht rückwärts. Ich wälzte die Gebrauchsanweisung. Neben unzähligen asiatischen Schriftzeichen sah ich mehr oder weniger aufschlussreiche Explosionszeichnungen. Mit viel Mühe, Fantasie und Not fand ich dann irgendwann den Rückwärtsknopf. Sosehr ich ihn aber drückte, das verdammte Ding wollte nicht in die entgegengesetzte Richtung nähen. Mehr und mehr schlich sich die Überzeugung ein, die Maschine sei kaputt. Um ehrlich zu sein: Ich war mir sicher, dass sie kaputt war. Schließlich war es keine

Ingenieurskunst aus Deutschland. Die nämlich gebe es längst nicht mehr, hat mir Herr Wilhelm versichert. Einzig Namen wie »Pfaff« und »Dürkopp« würden noch an die Tradition erinnern. Die Technik käme heute längst aus China. Deshalb verkaufte er mir den besten Asiaten: eine Juki. Ziemlich geladen rief ich Herrn Wilhelm an.

»Es kann ja wohl nicht sein, dass Ihre angeblich beste Maschine nach fast drei Wochen schon erste Funktionsausfälle hat. Das ist bei diesem Preis einfach nicht zu rechtfertigen. Ich habe das Gefühl ...«

Herr Wilhelm unterbrach mich. »Nur ruhig, Frau Trinkwalder. Ich komme heute Abend vorbei, und wir testen das.«

Herr Wilhelm klingelte gegen acht. Spät genug, dass meine Laune gänzlich in den Keller fahren konnte. Er ging direkt ins Nähzimmer, setzte sich an die Maschine – und nähte problemlos rückwärts.

Ich stand hinter ihm und sah sofort, dass es nicht an der Maschine lag. Es lag an mir. Peinliche Röte schoss mir ins Gesicht. Herr Wilhelm drehte sich um und sah mich an. Er erkannte wohl ebenso das eigentliche Problem und grinste: »Mei Mäusle«, sagte er liebevoll. »Egal, ob du vorwärts oder rückwärts nähen willst – Gas musst du immer geben!«

Nun musste ich lachen. »Danke«, sagte ich. »Und Mäusle ist süß, aber eigentlich heiße ich Sina!« Das steigende Vertrauen zwischen uns ließ ihn ins Schwäbische fallen.

»Mäusle, ich bin der Raffi!« Der ältere Herr reichte mir die Hand und drückte sie fest. In diesem Moment besiegelten wir eine Verbindung, die in den nächsten Monaten zu einer tiefen Freundschaft wuchs.

Fast schon im Gehen bemerkte er den Wäschekorb voller Frösche.

»Hoi, hast du die genäht?«

»Ähm, ja, also versucht«, erwiderte ich.

»Gar nicht schlecht«, urteilte er und nahm eines der meines Erachtens besser gelungenen Exemplare aus dem Korb. »Das wird ja richtig«, lobte er mich. Neugierig fuhr er fort: »Was willst du eigentlich nähen in deiner Näherei, die es mal geben soll? Doch keine Frösche, oder?«

»Nein«, winkte ich ab. »Natürlich nicht. Damit wollte ich nur üben. Aber gut, dass du fragst, denn ich brauche ja noch drei von diesen tollen Maschinen. Ich möchte gern T-Shirts, Sweatshirts und Jeans nähen. Rein nähtechnisch traue ich mir das zu, sodass wir langsam loslegen und die Näherei einrichten könnten. Könntest du mir drei von diesen Jukis besorgen?«

»Moment!«, bremste Raffi mich aus. »T-Shirts, Sweatshirts und Jeans willst du produzieren?«

»Ja!«

»Dir ist schon klar, dass du da mit drei Schnellnähern nicht weit kommst. Im Gegenteil: Für T-Shirts und Sweatshirts brauchst die überhaupt nicht, und für eine ordentliche Jeans brauchst einen richtigen Maschinenpark und zwölf verschiedene Maschinen«, erklärte er.

Ich wurde bleich im Gesicht, ich fühlte, wie das Blut schwand. Raffi merkte bereits während seiner Ausführungen, dass mir das wohl nicht klar gewesen war.

»Also, pass auf. Für deine T-Shirts wären eine gescheite Overlock, eine Coverlock und ein Riegler gut. Beim Sweatshirt Ähnliches, da würde sich aber auch eine Flatlock fein machen. Eine Jeans hingegen ist ziemlich kompliziert, was den Maschinenpark betrifft. Den Schnellnäher kannst für den Hosenstadl nehmen, aber für die Beine brauchst einen Saftey-5-Faden, also eine Kappnahtmaschine, zur Not tut es auch eine 2-Nadel-Kettstich. Dann benötigst du aber verschiedene Riegler, eine Doppel-Steppstich, eine Schlaufenmaschine und eine Bundmaschine. Darüber hinaus eine Augenknopflochmaschine, eine Wäscheknopflochmaschine …«

Während Raffi gerade mit Worten dabei war, eine ordentliche Näherei für meine Wunschprodukte einzurichten, überschlug ich kurzerhand die Kosten. Und den Platzbedarf.

Abrupt unterbrach ich ihn: »Das ist jetzt nicht dein Ernst? Das kostet ja ein Vermögen!«

»Ja, was glaubst du denn? Freilich kostet das eine Stange Geld. Und was du auch beachten musst, ist der enorme Platzverbrauch. Es ist nicht wie bei Computern. Da ist nicht jeder Computer ein Arbeitsplatz. Manche Maschinen musst du nur kurze Zeit für dein Produkt einsetzen, dennoch ist sie notwendig. Ja, und dann musst du den Stoff noch zuschneiden. Da ist unerlässlich ein Stoßmesser, ein Bandmesser, ein Legetisch …«

»Ach du Scheiße«, rutschte mir heraus.

Raffi zählte immer mehr auf, und mit jedem Posten wurde mir deutlicher, dass eine Näherei, also einen echten Produktionsbetrieb aufzubauen, doch etwas anderes ist, als eine Werbeagentur zu gründen.

Aus Verzweiflung musste ich lachen. »Und ich dachte, ich nehme 20 000 Euro in die Hand, mache eine schnuckelige Näherei auf und fange an, mit drei, vier Leuten zu nähen.«

»Da hängst du jetzt eine Null dran, dann klappt das auch.« Raffi griente, fast schon mitleidig. »Jetzt weißt du, warum ich dir zu verstehen gab, dass das eine Schnapsidee ist. Es kann dich nur auf die Schnauze hauen, Sina. Denn entweder du machst es gescheit, und dann hast du diese unvermeidbaren Investitionen, oder du dilettierst auf Hausfrauen-Niveau mit einigen dieser, wie sagtest du so schön, Plastikkugeln. Dann aber hast du keine Näherei, sondern eine

Handwerksstube, die kaum Qualität produziert. Dazu braucht es nämlich all die Maschinen, die ich erwähnte.« Seine Worte klangen tröstend. Vielleicht auch, weil er dachte, er habe soeben dazu beigetragen, meiner Idee das Grab zu schaufeln, und müsse nun mein leidendes Herz verarzten.

Ich sah ihn an. Er sah mich an. Ich atmete tief ein und sagte: »Dann mache ich es gescheit! Besorge mir bitte alle Maschinen, die ich benötige. Alles zum Nähen, zum Zuschneiden und was für eine gescheite Näherei unverzichtbar ist. Ich kümmere mich darum, dass wir in der Agentur den Lounge-Raum aufräumen. Das sind zweihundert Quadratmeter, die müssen für den Anfang reichen.«

»Du bist verrückt! So viel Geld zum Fenster hinaushauen …« Raffis Kopfschütteln war unverkennbar. Aber diesmal meinte ich, einen Unterton zu hören, der mir sagte: »Aber ich helfe dir!«

Ich begleitete ihn hinaus und rief ihm hinterher: »Raffi, du wiederholst dich!« Im Stillen dachte ich: Zum Fenster hinaushauen, so ein Blödsinn. Wir schaffen doch etwas. Wir schaffen etwas!

Geld ist, was man zulässt

Alles dreht sich nur ums liebe Geld. Das war schon immer so, das ist heute so. Was man bei der gesamten Diskussion rund ums liebe Geld gerne vergisst: Geld an sich ist nicht schlecht. Im Gegenteil: Es ist sogar gut. Wenn es dort ist, wo es hingehört: in den Kreislauf. Geld ist für mich nichts anderes als gespeicherte Kraft. Wenn diese richtig eingesetzt wird, kann man damit Großartiges erreichen.

Das Problem in unserer heutigen Zeit ist das veränderte Kräftegewicht. Immer weniger besitzen immer mehr dieses Möglichmachers Geld – und nutzen es nicht zum Wohle der Allgemeinheit. Sie entnehmen es dem Kreislauf. Sie enteignen der Gesellschaft Kraft. Sie horten das Geld auf Konten, in Aktienpaketen und Immobilien, um es weiter zu vermehren. Indem sie Zinsen auf ihre Kontoeinlage bekommen, bezahlt von Menschen, die Kredite benötigen. Indem sie satte Dividenden kassieren, erwirtschaftet von Menschen, die ganz unten an den Fließbändern ihre Arbeitskraft investieren. Indem sie horrende Mieten kassieren, bezahlt von Mietern, die von einem Eigenheim nur träumen können. Umverteilung, wohin wir nur sehen.

Einer Waage gleich gibt es auch die andere Seite, denn: Wenn auf der einen Seite jemand mit wenig Aufwand viel Geld macht, muss auf der anderen Seite jemand mit viel Aufwand wenig Geld machen. So wenig, dass er kaum mehr über die Runden kommt, weil ihm schlicht die Kraft ausgeht. Das bisschen, das unterm Strich übrig bleibt, investiert er zum großen Teil in die Miete und den Lebensunterhalt. Und macht somit Reiche noch reicher. Reicht es nicht einmal mehr für den Unterhalt, geht er Aufstocken. Mit Geld, das aus den Löhnen derer genommen wird, die einer besser bezahlten Arbeit nachgehen. Nicht mit Geld jener, die regungslos am Pool liegen und zusehen, wie der Kontostand durch Warten, wie der Dollar wird, wächst. »Pah, man müsste sich einfach mal wehren!«, werden Stimmen laut. Natürlich. Aufstehen, sich empören und etwas dagegen tun. Was dabei gerne vergessen wird: Wie soll jemand, der täglich um ein weiteres Stückchen Kraft beraubt wird, aufstehen und dagegen angehen? Dieser Mensch ist froh, wenn er den langen Arbeitstag überlebt und zumindest einigermaßen aus eigener Kraft seinen Unterhalt sichert.

Sicher ist: Ein kleinerer Abstand dieser beider Schalen muss wiederhergestellt werden. Sicher ist aber auch: Die populistisch geführten Debatten um Kürzungen von Managergehältern, die verlogenen Wertediskussionen um Arm und Reich sind Augenwischerei und typisch deutsch. Neid. Es geht nicht darum, dass sich der eine etwas leisten kann, was dem anderen verwehrt ist. Es geht darum, dass sich diejenigen, die viel besitzen, der Verantwortung um die gesamte Gesellschaft bewusst werden und einen Teil des überschüssigen Vermögens dem Kreislauf zurückführen. Wenn es nicht aus der Eigenverantwortung oder, wie bei mir, aus Überzeugung passiert, dann muss es reguliert werden (was aber stets die schlechtere Alternative ist).

Die gesamte Diskussion um das Geld und das anschließende Handeln muss sich in erster Linie auf die passiven Vermögensnutznießer konzentrieren. Warum sollte ein Unternehmer an den Pranger gestellt werden, wenn er zwei Milliarden besitzt, nur weil er alleiniger Inhaber seiner Firma ist, Tausenden Menschen eine gut bezahlte Arbeit sichert und diese Firma nun mal diesen Wert hat? Wieso sollte ein Manager, der ein siebenstelliges Salär bezieht für gutes Navigieren durch die Weltwirtschaft, auf einmal 90 Prozent abgeben? Diese Menschen sind Gutverdiener, keine Reichen. Gutverdiener arbeiten für den Gegenwert Geld. Natürlich ist hier zu überdenken, was eine Arbeit wert ist. Nicht nur für die Firma oder das Unternehmen, sondern für die Gesellschaft. Schnell wird dann klar, wo etwas getan werden muss.

Wer hingegen abzugeben hat, sind jene, die nichts tun. Vermögende, die ganze Immobilienimperien und Fonds im Überfluss besitzen und zusehen, wie der schnöde Mammon in rasantem Tempo wächst, während sie sich dem süßen Leben hingeben. Oder jene Haischrecken (das war ein Freud'scher Tippfehler), die durch Devisenspekulationen ganze Volkswirtschaften aus den Angeln heben. Diese Vermögen, dieses Geld gilt es so zu besteuern, dass die Gewinne auf ein Maß zurückgestutzt werden, das in Relation zur eingesetzten Arbeit für diesen Gewinn steht: nämlich ein verschwindend geringer. Regelrecht bestraft gehört das Gezocke mit Geld, das eigentlich ein Lohn ist. Lohn von Millionen von Menschen, die diesen Teil nicht ausbezahlt bekommen, weil die Dividenden der Shareholder noch einspekuliert werden müssen. Geldvermehrung ist keine Arbeit, kein Dienst für die Gesellschaft. Wenn überhaupt, dann reiner Selbstzweck für eine kleine Gruppe privilegierter Hedonisten.

Geld selbst aber hat einen Zweck, und diesem müssen wir es wieder zuführen. Geld, das wir aus eigener Kraft »machen« und nach Abzug der individuellen Lebenshaltungskosten überschüssig haben, müssen wir der Allgemeinheit geben. Gerne auch leihen. Schlicht: wieder dem Kreislauf zuführen und so unsere gesamte Gesellschaft nach vorne bringen.

In den zehn Jahren Selbständigkeit haben mein Mann und ich viel Geld erarbeitet. Mehr, als wir brauchen. Jahr für Jahr kam mehr auf unser Konto. Vielleicht auch, weil wir selbst nicht viel zum Leben benötigen und uns die meiste Zeit unserer Arbeit widmen, was wenig Zeit zum Geldausgeben lässt. Vielleicht, weil wir Statussymbole jedweder Art für nicht erstrebenswert halten. Ich kann mich gut daran erinnern, als wir uns gegen die sündteure Privatschule für unseren Filius entschieden. Ja, wir hätten sie uns leisten können. Aber mein Mann und ich waren uns einig: Wir beide waren auf eine »normale« Schule gegangen, mit normalen Freunden, und aus uns ist dennoch etwas geworden. Geld also war und ist uns nicht wichtig. Das Wohl unserer Familie, unserer Freunde und der Menschen, mit denen wir arbeiten und leben, hingegen sehr. Diese Grundeinstellung, nämlich Geld hinter die Menschen zu stellen, und das daraus resultierende Handeln, es für diese Menschen einzusetzen, ist es, was Wunder möglich macht.

Meine anfänglich katastrophal aussehenden Stofffrösche wichen im Lauf der Zeit erkennbaren Kuscheltieren. Nicht zuletzt war an meinen wachsenden Nähkünsten ein uraltes Buch für die perfekte Hausfrau schuld. Darin war in einfachen Schritten erklärt, wie die Dame des Hauses nicht nur Kind und Kegel angezogen bekommt, sondern auch zu kleine Kleidungsstücke verbreitert und zu große verkleinert. Darüber hinaus war eines meiner neuen Hobbys: auftrennen. Abendelang zerlegte ich vor dem Fernseher alte Klamotten, um Nähtechnik und Verarbeitung zu begreifen. Nach über hundert Teilen – T-Shirts, Blusen, Kleider, Jeans, Jacken, kurz: alles, was aus meinem und aus den Kleiderschränken meiner Freunde herausmusste – war ich schlauer. Es wurde mir klar, dass es einen eklatanten Unterschied zwischen handwerklichem Nähen (oder dem, was in Hauswirtschaftskursen und Angeboten der Volkshochschule vermittelt wird) und industrieller Produktion gibt. Und ehrlich gesagt, interessierte mich das handwerkliche Nähen keinen Stich. Schließlich widersprachen Einzelanfertigungen meiner Idee, möglichst vielen Menschen, ungelernten Kräften, eine Arbeit zu geben. Für ein Maßatelier reichen fünf Meisterinnen und wenige zahlungskräftige Kunden. Das reizte mich überhaupt nicht. Zudem empfand ich es auch persönlich nicht als erstrebenswert, ein einziges maßgeschneidertes Stück in individueller Ausführung herzustellen. Aber noch viel schlimmer fand ich die Ausführung der handwerklichen Kleider.

»Ja, wenn du keine Coverlock-Maschine (für elastische Stoffe) hast, dann nimm einfach einen ganz kleinen Stich auf dem Schnellnäher und dehne den Stoff ein bisschen. Dann ist er auch elastisch«, erklärte mir eines Tages eine Damenschneidermeisterin in einem der Nähforen im Internet. Sie nannte es »mit verfügbaren Maschinen arbeiten«, ich nannte – und nenne es heute noch – Pfusch. Raffi übrigens auch. Das beruhigte mich. Denn: Der Pfusch hält einfach nicht. Wer sich mit der Konstruktion verschiedener Stiche ein bisschen auskennt, weiß auch, warum. Bei der Lösung des Damenschneiderhandwerks wird die Elastizität des Stoffes ausgereizt, die Naht selbst bleibt statisch. Bei der Lösung der Industrie wird ein in sich elastischer Stich genutzt. Dank einer Spezialmaschine eben.

Diese Erkenntnis ließ mich tiefer in die Technik und in die Welt der Maschinen tauchen. Ich streifte mit Raffi durch sein Lager, wälzte Maschinenkataloge, besuchte Maschinenmessen und surfte stundenlang durch das Internet. So lange, bis ich über Raffis Worte schmunzeln musste.

»Ölfreier Versorgungskreislauf, Servo-Motor für geringen Stromverbrauch, automatischer Fadenabschneider, Fadenwächter, Differenzial- sowie Ober- und Untertransport!«, erinnerte ich mich. Große Spulenkapsel und Nadeltransport hat er vergessen, fügte ich in Gedanken hinzu. Mein Fachwissen rund um Nähmaschinen wurde immer umfassender, blieb aber theoretisch.

»Was denkst du denn!«, sagte Raffi. »Außer ein paar gängigen Modellen gibt es doch nichts mehr in Europa, Sina. Das ist alles weg. Ja, es gibt sogar Maschinen, die habe ich hier in Deutschland in meiner ganzen Karriere noch nie real gesehen, geschweige denn darauf genäht, weil sie aktuell wurden, als die Textilindustrie längst Vergangenheit war.«

Saftige Praxis konnte mir also auch Raffi nicht geben. Deshalb entschied ich mich für »Learning by doing«.

In der Agentur änderte sich alles. Mit mir ging auch der kreative Kopf. Mit dem kreativen Kopf gingen die Werbeaufträge. Das Kerngeschäft von Stefan hingegen, die Gestaltung und Programmierung von Online-Anwendungen und Websites, nahm immer mehr zu. Unbewusst wurde mit meinem Ausstieg die Agentur neu ausgerichtet – mit Erfolg. Ich hingegen richtete mehr ein. Im ehemaligen Lounge-Raum der Agentur schuf ich die Infrastruktur, die für eine Näherei notwendig ist. Starkstrom, Druckluft, Licht – alles, was ich anfangs nicht bedacht hatte. Tagsüber schleppten wir Maschinen, abends saß ich zu Hause an der Maschine. Nach Fröschen, Nashörnern und Kühen versuchte ich mich an den ersten Kleidungsstücken.

Stolz begleitete ich meinen Weg im Internet und twitterte fleißig. Gerade dieses soziale Medium hat es mir angetan, oder besser: die Menschen, die darin vertreten sind, haben es. Es ist ein unkompliziertes, schnelllebiges, zugleich aber informatives und sympathisches Medium. Es ist eine Oberfläche, aber nicht oberflächlich. Es ist, wie man es sich wünscht, weil man es mitgestalten kann, wie man möchte. So twitterte ich die Fortschritte meines Vorhabens und den Aufbau meiner Näherei. Natürlich auch eigene Näherfolge. Und weil ich mein erstes Shirt so gelungen fand, war ich der Ansicht, diesmal hätte meine Twitter-Gemeinde auch ein Bild verdient. Diese Meinung schien nicht jeder im sozialen Netz zu teilen, und es dauerte keine fünf Minuten, bis mich eine Direct Message erreichte.

»Sag mal, brauchst du jemanden, der dir das Nähen ordentlich zeigt?«, las ich die private Meldung von @sarcarsten. Im ersten Moment war ich, ehrlich gesagt, ein wenig eingeschnappt. Schließlich empfand ich ja mein allererstes T-Shirt als, sagen wir, nicht ungelungen. Natürlich war noch deutlich Luft nach oben, aber eben auch ordentlich nach unten. Zudem wunderte ich mich, war dieser Twitterer meines Wissens doch Programmierer. Andererseits, dachte ich, vielleicht konnte er auch nähen. Und so schrieb ich ihm zurück: »Klar. Kommst du mich besuchen?«

Die Antwort kam prompt: »Nenene. Nicht ich. Ruf da mal an: 07xxx xxxx. Er wird dir helfen.«

»Wer denn?«

»Mein Papa. Ist nun in Rente, hat Zeit.«

»Mach ich, danke.«

Na bravo, dachte ich. Ein Rentner, der jetzt Zeit hat, soll mir das Nähen beibringen. Weil ich aber den Twitterer trotz seines Misstrauens sehr schätzte, wollte ich ihm den Gefallen tun und seinem Papa etwas Abwechslung verschaffen. Bevor ich jedoch zum Telefonhörer griff, fragte ich das Internet nach diesem Papa. Es sollte einer der Momente werden, in denen ich unendlich dankbar und froh über meine naturgegebene Neugierde war. Google nämlich informierte mich darüber, dass dieser Papa mir vielleicht sogar den Gefallen tun würde, mich das Nähen zu lehren. Laut Internet war er nämlich Professor a.D., ehemaliger Rektor sogar, der Fachhochschule für Bekleidungstechnik Alb-Sigmaringen. Mister »Nähmethodik«. Der Professor war genau das Stück Puzzle, das mir fehlte. Der Mensch, der meiner ausgefeilten Theorie in Sachen Maschinen nun echte Praxis rund ums Nähen verleihen konnte. Ich konnte mein Glück kaum fassen und formulierte das in einer privaten Nachricht an @sarcarsten so:

»Du Sack! Das ist ja geil! Ich danke dir!!!«
Die Rückantwort kam wieder prompt.
»Gnihihi! Viel Spaß!«

Aufgeregt griff ich zum Telefon. Der freundliche Mann am anderen Ende der Leitung wusste schon Bescheid und bot mir tatsächlich seine Hilfe an. Und nur vier Wochen später begann das eintägige Trainingslager mit Herrn Professor nebst Gattin. Seine Frau war ebenso vom Fach. So etwas nennt man Jackpot. Und dann kam der Frust.

Man müsse die Maschine fühlen, sprach der Herr Professor am Trainingstag immer wieder und demonstrierte es auf höchstem Niveau. Ein Stich, Pause, zwei Stiche, Pause, drei Stiche, Pause, zwei Stiche, Pause, ein Stich, Pause. Stundenlang. Auf allen Nähmaschinen, die Raffi und ich mittlerweile aufgestellt hatten. Am Ende des Tages überreichte er mir noch ein kleines, blaues Büchlein. *Professor Liekweg – Industrielle Nähmethodik*. Ich bedankte mich freundlich, und wir verabschiedeten uns.

An diesem Abend war ich enttäuscht. Den gesamten Tag nur Stich für Stich Maschinen steuern. Von wegen T-Shirts nähen oder gar Hosen. Nichts. Immerzu dasselbe: Hände in eine bestimmte Position bringen, Füße ebenso, und los: Stich für Stich. Stoffstreifen für Stoffstreifen.

Unzufrieden über die vermeintlich verlorene Zeit mit dem Professoren-Ehepaar begab ich mich wieder in mein Nähkabuff. Feines Nähzimmer hätte es auch nicht getroffen. Inmitten der wöchentlichen Bügelwäsche, einem Gästebett, das Filius als Kuscheltierwohnraum nutzte, zwischen alten Möbeln und Bastelutensilien, ausrangiertem Hochsitz und Winterbettdecken stand meine Nähmaschine. Am Boden rund um die Maschine verteilt Stoffe, Stoffreste, Nähzwirne und sonstige Utensilien, die ich für meine ersten Nähversuche brauchte. Zudem lagen reihenweise grüne Samtfrösche verteilt. Der eine hatte keine Augen, der andere riss den Mund zu weit auf, dem dritten fehlte ein Bein, und so weiter und so fort. Leicht missmutig setzte ich mich an die Maschine, um mich erneut einem Shirt zu widmen. Doch entgegen meiner Erwartung, eine gute Naht Stich für Stich wieder erkämpfen zu müssen, ging der Stoff auf einmal gleichmäßig durch die Maschine. Der letzte Stich war perfekt plaziert, und die Ärmel waren ohne Falten und Verzug eingenäht. Selbst nach drei Stunden tat mir, entgegen früheren Erfahrungen, nichts weh. Weder die Hände noch der Rücken. Und da begriff ich, was der Professor meinte: »Üben Sie, üben Sie. Wenn Sie es fühlen und die Maschine beherrschen, wenn Sie nach meinen Methoden den Stoff durchlassen, können Sie alles nähen!« Er sollte recht behalten.

Heute kann ich alles nähen. Weil ich übte. Kilometerlange Nähte. Und weil ich las. Das Büchlein zur industriellen Nähmethodik. Meine Bibel. Was neue Mitarbeiter bei uns als Allererstes vermittelt bekommen? Wie man einen Streifen Stoff entlangnäht. Erst ein Stich, Pause, zwei Stiche, Pause, drei Stiche, Pause, zwei Stiche, Pause, ein Stich, Pause. Und von vorne.

7

PLÄNE UND DIE REALITÄT

Wann willst du eigentlich loslegen?«, fragte mich Miriam. Miriam ist für mich, was ich für Raffi bin: mein Mäusle. Einst war sie mit fünfzehn Jahren zu uns in die Agentur gekommen als mein erster Azubi für Mediengestaltung. Heute, zehn Jahre später, ist von dem Kind nur noch eines übrig: ihre Spitzbübigkeit. Ihre Schleifchenzöpfe wichen einem modernen Pagenkopf, ihre rosafarbenen Guns N' Roses-T-Shirts stilsicheren Basics. Aus dem Mädchen, das lernte, Pixel zu schubsen, wurde eine gestandene Frau, die mit Humor und Durchsetzungskraft alles unter Kontrolle hat. Als Miriam, übrigens als Erste außerhalb meiner Familie, erfuhr, dass ich die Agentur verlassen werde, nahm sie es gelassen zur Kenntnis: »Wir machen weiter wie bisher, alles gemeinsam.« Das ist bis heute so. Auch Axel, unser längster Mitarbeiter der Agentur, trug meine Entscheidung mit Fassung. »Ändert sich ja nichts, wir sind ja weiterhin zusammen«, sagte er. Damit lag er richtig. Das Einzige, was sich änderte, war, dass ich ihn nicht mehr mit Kundenaufträgen beschäftigte, sondern mit meinem eigenen Online-Shop.

»Hey, was ist jetzt?«, riss mich Miriam aus meinen Gedanken. »Wann willst du l-o-s-l-e-g-e-n?«

»Wie, loslegen? Ich bin doch mittendrin ...«, antwortete ich.

»Nein«, unterbrach sie mich. »Ich meine, so richtig. Mit echter Produktion, echten Nähern. Und wie kriegst du die überhaupt? Und wo willst du das Ganze eigentlich verkaufen?«

Dafür mochte ich Miriam. In diesem Moment ganz besonders. Wie Stefan stellte sie immer dann Fragen, wenn ich sie überhaupt nicht beantworten konnte oder wollte. Und zwang mich, mir über Administratives Gedanken zu machen. Für mich eher Strafarbeit, muss aber auch sein.

»Raffi ist eigentlich fertig mit der Einrichtung der Näherei. Von daher könnten wir loslegen«, sagte ich, ohne auf ihre letzten Fragen einzugehen.

»Na, du machst es dir einfach. Woher willst du denn die Näher nehmen? Wer macht die Schnitte? Woher kommen die Stoffe?«, insistierte sie weiter.

Scheiße, die Stoffe. Miriam musste nicht weiterreden, um zu sehen, dass ich administrativ mal wieder ein ausgewachsenes Defizit pflegte.

»Typisch Sina. Süße, wir machen jetzt einen Plan.«

Miriam wusste, dass sie mich mit diesem Satz auf die Palme bringen konnte. Von jeher bin ich der Meinung, Erfolg ist das Resultat von Mut, wirtschaftlicher Erfolg das Ergebnis von Menschenverstand. Schließlich funktioniert nie etwas nach Plan. Und Wirtschaft gleich zweimal nicht.

Mein Betriebswirtschaftsstudium habe ich erfolgreich ab-gebrochen. Weil ich Angst hatte. Verlustangst. Bereits nach wenigen Semestern spürte ich die Veränderung: Mein Menschenverstand wich Excel-Tabellen, mein Mut wurde zermalmt in unendlichen Gewinn- und Verlustrechnungen. Meiner Meinung nach braucht es nicht viel für Wirtschaft: Bauchgefühl und Menschenverstand. Sonst nichts. Aber wie erklärt man das einem diplomierten Ökonomen? Einem Menschen, den Fakten überzeugen, nicht Gefühle. Einem Menschen, der Zahlen braucht, keine Spezies seiner Art. Einem Menschen, der darauf gedrillt ist, nach Plan für den Profit zu agieren.

Fakt ist: Wir brauchen keine Pläne mehr, wir brauchen eine Ordnung. Eine neue Wirtschaftsordnung.

Nicht mehr und nicht weniger. Aber genau darin liegt auch das Dilemma. Seit Jahren wird an den Symptomen einer kapitalistischen Wirtschaft herumtherapiert, aber: Es ändert sich nichts. Wir erinnern uns an den Finanzcrash, das große Drama und die damit verbundene Hoffnung, nun könnte sich etwas ändern.

Aber weit gefehlt. An den Finanzmärkten darf weiter wie wild mit undurchschaubaren Finanzprodukten gehandelt werden, nationale Wirtschaftszweige basteln sich selbst einen Aufschwung, indem sie sich nach der ersten erfolgreich ausgesessenen Lohn-Nullrunde durch Kurzarbeit wieder sauberkapitalisiert haben und ein wenig Kohle aus der firmeneigenen Liechtenstein-Stiftung ins Eigenkapital holten.

Den Aktionär freut es diebisch. Der Mitarbeiter geht leer aus. Wen aber interessiert schon der Mitarbeiter? Und wen der Kunde?

Eben. Alles, was zählt, ist der Profit. Unterm Strich. Im Säckel der Investoren. Wunderbar zeigt sich dieses Verhalten bei global agierenden Unternehmen. Nomaden im Zeichen des Profits. Ist ein Produktionsstandort aus welchen Gründen auch immer unattraktiv geworden, ziehen sie weiter und hinterlassen verbrannte Erde. Sie zahlen so viel Steuern, wie sie möchten, und nur dort, wo sie es für richtig erachten. Sie rechnen sich einmal um den Erdball herum gesund. Globale Unternehmen sind in sich ein eigener Staat und machen ihre eigenen Regeln. Sie spielen mit nationalen Regierungen, ja, sie erpressen sie. Erinnern wir uns an die Energieversorgerbranche (natürlich völlig losgelöst von den dramatischen Geschehnissen im japanischen Fukushima, die zeitgleich passierten): Sie kam auf die Idee, der Regierung vorzuschlagen, sich intensiver um regenerative Energien zu kümmern, wenn denn der Staat mehr subventionierte. Ich nenne so etwas Erpressung. Und zwar die übelste. Fahrtwind hierfür geben die Empörung Tausender Menschen und eine unsägliche Naturkatastrophe. Jeder auch nur ein wenig ökonomisch Bewanderte weiß, dass Subventionen kein Schlüssel für dauerhaften Erfolg sind. Stimmt's, Nokia? Nach Aufbrauchen dieser Gelder wurde das Werk in Nordrhein-Westfalen geschlossen und gen Osten verlagert.

Den Aktionär freut es diebisch. Der Mitarbeiter geht leer aus. Wen aber interessiert schon der Mitarbeiter? Und wen der Kunde?

Globale Unternehmen sind Pippi Langstrumpfs der Ökonomie. Sie machen sich die Welt, wie es ihnen gefällt. Dummerweise nur ihnen. Ist ein Produktionsstandort zu teuer, wird woanders noch billiger ~~ausgebeutet~~ produziert, ist ein Produkt zu giftig, wird es in Asien verscheppert. Und den Müll liefern sie auf die Welthalde Afrika.

Vorstände globaler Unternehmen verfolgen einen Plan: den der Gewinnmaximierung. Sie setzen mit jeder Entscheidung auf Kurse und investieren nicht in Werte. Der Green New Deal is dead. Wirtschaft und Politik haben gezeigt, dass sie es nicht auf die Reihe bekommen (wollen). Es wird an uns hängen, von uns abhängen. Wir, Kunden und Mitarbeiter, müssen Ordnung schaffen. Eine neue Wirtschaftsordnung. Durch konsequenten Konsum und ethisches Handeln. Ein neuer Business-Plan.

In meinem Fall sah ich ein, dass zumindest eine Art Zehn-Punkte-Liste etwas Struktur in mein Vorhaben bringen würde.

Wir baten Stefan zu uns, und zu dritt skizzierten wir in wenigen Stunden bei viel Kaffee, was Unternehmensberater wohl als Jahresleistung verkaufen würden. Auch waren wir drei uns einig, klein anzufangen, um viel zu »lernen«.

Die Gangart der kleinen Schritte ist zwar gänzlich gegen mein Tempo, aber mein Mann hatte überzeugende Argumente.

»Wir machen hier keine Dienstleistung, Sina, wir bauen eine Produktion auf. Jeder Schritt, den wir gehen, kostet verdammt viel Geld. Ich möchte einerseits viele Schritte mit dir gehen, andererseits mir aber unnötige Wege sparen. Schlicht, um zu vermeiden, dass uns dann auf dem richtigen Weg die Kohle ausgeht!«

Er hatte recht. Und Miriam ebenso. Deshalb entschlossen wir uns, zunächst nur T-Shirts und Sweatshirts ins Auge zu fassen. In ähnlicher Verarbeitungsweise, damit unsere Näher, die es ja noch nicht gab, langsam wieder ans Produzieren gewöhnt werden. Mit einfachen Griffen. Darüber hinaus diskutierten wir über individualisierbare Bekleidung.

»Es glaubt uns doch sowieso niemand, dass wir wieder hier in Deutschland produzieren. Wir müssen es den Menschen sichtbar machen. Zum einen, indem wir transparent kommunizieren, zum anderen direkt am Produkt«, war die Idee von Stefan und Miriam.

Als Ex-Werber und Designfreund drehte sich mir zunächst der Magen um. »Was glaubt ihr, was da Menschen für Farbkombinationen bestellen? Das kann nicht gutgehen«, versuchte ich gegenzuhalten.

Um Unterstützung zu bekommen, twitterte ich und fragte meine Online-Community, was sie von der Idee hielt, Kleidung nach eigenen Wünschen zu ordern. Entgegen meinen Erwartungen fanden sie die Vorstellung »großartig«, »saugeil«, »bestellt«. Innerhalb kürzester Zeit prasselten Hunderte Tweets in meine Timeline, alle fanden es spitze. Und ich dann irgendwann auch.

Zufrieden lächelten Stefan und Miriam.

Sofort einig waren wir uns hingegen beim Namen.

»Manomama. So soll unser Label heißen«, sagte ich.

»Klingt wie ... wie ... weiß auch nicht. Aber freundlich, und es funktioniert international«, bemerkte Miriam.

Stefan musste schmunzeln. In ähnlicher Form hörte er es öfter zu Hause, vom Filius. Immer dann, wenn der Kleine etwas versuchte und es ihm nicht gelang, schob er stets die »Schuld« auf mich und schimpfte: »Manno Mama!« Dann grinste der Kleine und reichte mir die Dinge, die ich dann richten sollte. So war meinem Mann die Wortschöpfung zumindest phonetisch bereits bekannt. Ich hingegen kam von einer anderen Seite.

»Manomama klingt ein bisschen abstrakt, ist aber für einen alten Lateiner durchaus nachvollziehbar. Wir wollen doch Menschen, die es schwer haben, wieder in Arbeit bringen. In erster Linie sind das Frauen, Mütter, die durch das Raster des Arbeitslebens fallen. Ergo: mano und mama. Aus der Hand der Mama!«, erklärte ich.

Punkt für Punkt gingen wir unseren Zehn-Punkte-Katalog durch, fällten Entscheidungen, stellten Weichen und verteilten Zuständigkeiten. Stefan, Miriam und Axel kümmerten sich um den Online-Shop, weil wir glaubten, dass nur der direkte Weg zum Kunden auch betriebswirtschaftlich abbildbar ist. Große Umwege über Zwischenhändler und Einzelhändler konnte ich mir nicht vorstellen. Deren jeweilige Margenvorstellungen hätten unsere regionalen Biotextilprodukte, die in der Herstellung ein Vielfaches teurer waren als ein Pendant aus einem Billiglohnland, wesentlich verteuert. Zudem waren wir uns sicher, auf die Schnelle den Handel nicht überzeugen zu können, auf große Teile seiner Margen zu verzichten, um »Made in Germany« zu etablieren. Zum Online-Shop programmierten Axel und Stefan einen völlig neuartigen Konfigurator, der wenige Monate nach Schaltung als »bester Online-Shop« ausgezeichnet werden sollte. Auch übernahmen die beiden jeglichen »administrativen Kleinscheiß«, wofür ich ihnen bis heute sehr dankbar bin.

Mir blieben drei Aufgaben bis zum 10. April 2010, der gemeinschaftlich beschlossenen offiziellen Eröffnung von manomama: die Näher, die Stoffe und, am wichtigsten, eine Schnittmacherin. Für Ersteres genügte ein Anruf, für Letzteres ein Tweet. Nämlich: »Kennt jemand von euch eine gute Schnittmacherin, die Lust auf 'nen Job hat? PLS RT.« Und Stoffe in Bioqualität gab es im Allgäu, in Wangen. Ich weiß gar nicht, warum Stefan und Miriam mir eine Deadline von acht Wochen gesetzt hatten, alles erledigt sich doch schier von selbst, dachte ich. Und sollte doch bald merken, dass der Sicherheitspuffer bis zur offiziellen Eröffnung schmolz wie Sorbet in der Sonne.

Am nächsten Morgen herrschte ungewohnte Hektik im Büro. Eigentlich war es das Büro der Agentur. Weil aber manomama überhaupt kein eigenes hatte, übernahmen Miriam und ihr Team die Organisation für mich mit.

»Ja, spinnst du, Sina! Was hast du denn gemacht?« Miriam begrüßte mich, während sie den Telefonhörer vom Ohr nahm und die eine Hälfte mit ihrer Hand abdeckte, während zwei weitere Telefone bereits dauerklingelten. »Hier herrscht seit einer Stunde Telefonterror!« Nach diesen Worten widmete sie sich erneut dem Teilnehmer am anderen Ende der Leitung.

Etwas verwirrt setzte ich mich an meinen Platz, startete meinen Rechner und öffnete wie gewohnt mein Mail-Programm.

34, 35, 36 ... Nachrichten. Und die Anzahl der neu eingehenden E-Mails wuchs. Während sich mein Computer alle Nachrichten vom Server holte, ging ich zum Kaffeeautomaten und zapfte mir in täglicher Gewohnheit meinen Kaffee 2.0. Dieses Ritual wird stets begleitet von meinem ersten Tweet des Tages: »Guten Morgen, erst mal Kaffee!«

Während ich den ersten Schluck meines heiß geliebten Getränks genoss, las ich meine Timeline. Mir wurde sehr schnell klar, was Miriam mit »Spinnst du?« meinte. In zahlreichen, direkt an mich gerichteten Kurznachrichten (Mentions) las ich: »Oh, da will ich auch arbeiten!«, »Mach das doch bitte auch bei uns in der Stadt« oder aber: »Gratulation zum tollen Artikel!«

Ich nahm meinen Kaffee und ging schnurstracks zurück an meinen Rechner. 142 neue Nachrichten. Später. Zunächst startete ich meinen Browser und steuerte unmittelbar auf den Auftritt der *Augsburger Allgemeine*. Im Online-Bereich der Stadtredaktion war ein Artikel über mein Vorhaben.

Manomama. Und der Aufruf, sich doch zu bewerben, wer bei uns arbeiten möchte.

Insgeheim musste ich schmunzeln, trug doch meine Art der Mitarbeiterwerbung, nämlich den Artikel in die Wege zu leiten, deutlich größere Früchte als erwartet. Ein Blick auf die Betreffzeilen in meinem E-Mail-Folder bestätigte meinen Verdacht: »Meine Bewerbung«, »Sie suchen mich!«, »Ihr Aufruf in der Zeitung heute« ...

Mein konzentriertes Überfliegen der Betreffzeilen wurde jäh unterbrochen. Mit aller Wucht knallte Miriam mir einen Block auf den Tisch und sah mich grimmig an.

»Was hast du dir dabei eigentlich gedacht?«, fragte sie mich zornig. »Du kannst doch nicht einfach einen Artikel schreiben lassen, durch den die Leute uns hier die Bude auseinandernehmen!« Sie schnaubte erneut, brach dann aber in schallendes Gelächter aus. »Saugeil, Süße. Das war der Hammer. Schau mal, wie viele Leute heute angerufen haben. Wir haben gerade mal halb elf, und es sind über hundert.«

Nun grinste auch ich.

»Wenn ich meine Mails so betrachte, steuere ich auch noch einmal hundert bei«, erwiderte ich.

»Du hattest mal wieder den richtigen Riecher«, lobte Miriam. »Mit einer stinknormalen Stellenanzeige hätten wir niemals diese Resonanz bekommen.«

»Ist aber auch klar. Sieh mal, Miriam. Da bewirbst du dich zweihundert-, dreihundertmal auf eine Stellenanzeige, und was bekommst du im besten Fall?«

Sie zog die Schultern nach oben.

»Na, deine Unterlagen kommentarlos zurückgeschickt. Irgendwann liest du keine Stellenanzeigen mehr, geschweige denn bewirbst dich darauf. So masochistisch ist kein Mensch.«

»Hast recht. Aber eigentlich traurig, wenn man bedenkt, dass nach einem einzigen Artikel sich hier bei uns schon so viele bewerben. Wenn ich den Medien glauben darf, sind doch alle in Arbeit! Bayern hat Vollbeschäftigung ...«

»Das ist Blödsinn«, hielt ich dagegen. »Die Arbeitsuchenden sind in Qualifizierungsmaßnahmen, in Trainingskursen, in Wasweißich, also überhaupt nicht mehr gemeldet. Sie sind alle in irgendwelchen Statistiken, nur versteckt. Wir müssen sie sichtbar machen. Jeden Einzelnen!«

»Also ran an die Arbeit!«

Miriam trug den gesamten Tag alle Bewerbungen, die telefonisch und via E-Mail den Weg zu uns fanden, zusammen und erfasste sie tabellarisch. Ich ersparte mir, ihr unnötig Stress zu machen, indem ich ihr nicht verriet, dass ich unsere Stellenausschreibung zusätzlich dem Arbeitsamt gemeldet hatte. Diese Anzeige würde ja auch erst morgen »scharf« sein. So blieb genügend Zeit, es ihr schonend beizubringen. Ich selbst entdeckte auf meinem Handydisplay die erfreuliche Nachricht einer Bekannten: »Hab eine Schnittmacherin. Meine ehemalige Babysitterin. Wohnt derzeit noch in der Nähe von Kassel, würde aber umziehen. Gelernte Schnittmacherin, keine Berufserfahrung, aber gut. Ruf sie an und rede mit ihr, lg K.« Na, das läuft heute ja wie am Schnürchen, dachte ich und griff zum Telefon. Zehn Minuten später war auch diese Aufgabe gelöst.

Rückblickend muss ich mir eingestehen, dass von meinen drei Aufgaben nur die erste, nämlich Näher und Nähwillige zu finden, richtig erledigt war. Die anderen beiden erledigten mich.

8

SATTER VERSCHNITT BEIM START

Es war der Tag der offiziellen Eröffnung von manomama, jener 10. April 2010. Am liebsten hätte ich dieses Datum auf unbestimmte Zeit verschoben. Dies ging aber nicht. Schließlich hatten sich über vierhundert Leute aus ganz Deutschland, ja, sogar London und Mallorca zu unserer Eröffnungsparty angemeldet. Via Twitter und Facebook hatten wir zur #motpa eingeladen, und bereits Stunden vor der eigentlichen Feier füllte sich der gesamte Franzosenhof, unsere Produktionsstätte. Das alte Gemäuer, das dominiert wird von wunderschönen Sichtbalken und verglasten Räumen, strahlte in neuem Glanz, nicht zuletzt, weil zahlreiche Gäste und Freunde, die bereits früher eintrafen, fleißig mit Putzlappen und Besen geholfen hatten.

Stefan und sein Team testeten ein letztes Mal den Shop, der am Abend online geschaltet werden sollte. Der Caterer baute sein Büfett auf. Und ich brach zusammen. Ich konnte einfach nicht mehr. Mir wurde schummrig vor den Augen und flau im Magen. Nicht, weil alles bis zu diesem Tag so anstrengend war, sondern weil ich nicht wusste, wie es weitergehen sollte.

Während Stefan an meiner Stelle die Gäste in Empfang nahm, zog mich Miriam in eine ruhige Ecke und versuchte mich zu trösten. Das aber gelang ihr nicht. Schließlich war sie in der vergangenen Zeit komplett damit beschäftigt gewesen, über siebenhundert Bewerbungen, die über das Arbeitsamt und den Zeitungsartikel den Weg zu uns fanden, zu sichten und zu ordnen, eine erste Auswahl zu treffen und eine zweite.

Die erste Auswahl war einfach: Wir lehnten jeden Bewerber ab, der bereits eine Arbeitsstelle hatte und nur eine finanzielle Verbesserung suchte. Damit waren die eingegangenen Bewerbungen bereits mehr als halbiert. Anschließend bevorzugten wir alleinstehende Mütter, die dringend flexible Arbeitszeiten brauchten. Dann aber wurde es schwierig. Wir mussten Fragen beantworten wie: »Braucht die vierfache Mutter dringender Arbeit als eine gehörlose Alleinstehende?«

Es war eine anstrengende Zeit gewesen, die Menschen herauszufinden, die Arbeit am dringendsten benötigten. Menschen, die wir einstellen wollten, wenn wir Erfolg hatten und wuchsen. Miriam wusste nicht einmal annähernd von dem, was mir den Atem raubte, und so begann ich ihr meine letzten Wochen im Schnelldurchlauf zu erzählen. Etwa von der jungen Schnittmacherin, die extra nach Augsburg gezogen war und sich als völlige Nullnummer herausstellte. »Die erste Arbeitswoche habe ich damit verbracht, der jungen Madame das richtige Arbeitswerkzeug zu beschaffen. Nein, dieses Geodreieck sei ihr zu klein, das andere jedoch zu groß. Das eine Papier für Schnitte ungeeignet, ein weiteres zu glatt. Das dritte wiederum zu dick. Die spezielle Schere sei schon okay, aber eine noch speziellere Schere wäre besser. Der Tisch, ja der Tisch. Der wäre sowieso zu niedrig und zu … Ach, leck mich am Arsch. Ich habe ihr irgendwann gesagt, sie soll endlich anfangen, den Schnitt für die T-Shirts zu fertigen. Zwei Tage strichelte sie auf dem Papier, und mit der Nagelschere sägte sie einen Ärmel aus …« Ich redete mich in Rage. Weil es befreite.

»Und jetzt?«, fragte Miriam.

»Was und jetzt? Nichts ist jetzt. Wir haben kein einziges Produktfoto, weil sie in, halte dich fest, sechs Wochen gerade einmal den Schnitt für ein T-Shirt und ein Sweatshirt hinbekommen hat. Diese musste ich dann noch zum Digitalisieren und Gradieren schicken, weil sie das nicht mag. Sie MAG es nicht! Hallo?«

»Oh je. Na ja, mach dir nichts draus. Sie muss es erst lernen«, beruhigte mich Miriam.

»Phh, lernen. Ein Scheißdreck ist das. Die Näherin, die wir eingestellt haben, hat sie auch schon auf ihre Arbeitsweise geeicht. Einen Sweatpulli pro Tag! Und den hat sie hingewichst, dagegen ist China-Ware Qualität!« Ich kotzte mich weiter aus.

»Ja, warum sagst du …«
Ich unterbrach Miriam und redete mir nun meine gesamte Wut von der Seele.

»Beschissene Schnitte, Schneckentempo in der Produktion, und das Beste, hahaha. Hast du die Stoffe gesehen? Nein? Sei froh. Normalerweise brauchst du einen Laufmeter für ein T-Shirt. Ich kann froh sein, wenn ich aus fünf Laufmetern eines gefertigt bekomme. Derart viele Strickfehler, und wenn dann einmal kein Strickfehler drin ist, baut der Färber scheiße. Rechne ich die Kosten für den Schnitt, die vier Stunden Nähzeit und fünf Meter Scheißstoff zusammen, muss bei uns ein T-Shirt mindestens 150 Euro kosten. Ach, das ist doch alles fuck!«

»Sina, komm. Das hilft jetzt alles nichts. Du gehst jetzt runter und redest mit den beiden Frauen. Die sind eben eingetroffen. Zieh das klar und nimm die Party heute Abend als Neuanfang für alle. Den Rest regeln wir in den nächsten Tagen.«

Miriam hatte recht. Mein Zorn war jetzt verflogen, und motiviert suchte ich die Schnittmacherin und die Näherin auf. Ich hatte sie zum Start ausgewählt (Iris vom Spielplatz hatte ich leider nie wieder getroffen), weil ich dachte, sie bräuchten eine Chance. Die junge Schnittmacherin, weil sie ohne Erfahrung nirgendwo unterkam, die ältere Näherin, weil sie sich von ihrem Mann getrennt hatte und einen beruflichen Neustart wagen wollte. Aber diese Chance war nur ausgenutzt worden.

Den beiden Frauen versuchte ich zu erklären, dass wir an unserer Arbeit etwas ändern müssten. Ich verdeutlichte ihnen, welchen Grundstein sie mit mir legen sollten und dass dies nur funktionieren könnte, wenn wir aus dieser »esoterisch angehauchten Meditationsstube« eine Näherei mit Power machten. Alle zusammen. Das war meine Vorstellung. Die Schnittmacherin hatte eine eigene und die Näherin natürlich die der Schnittmacherin. Dabei bestimmte die Jüngere die Unterredung, während die Näherin eher ruhig war (vielleicht auch, weil sie wusste, dass ihr Verhalten nicht korrekt war).

»Entweder es läuft, wie ich es mir vorstelle, oder wir gehen«, sagte die Schnittmacherin schließlich.

Ich war baff. Derart Dreistes hatte ich noch nicht erlebt.

»Willst du mich erpressen?«, fragte ich vorsichtshalber nach.

»Wo denkst du hin?«, bemerkte sie schnippisch. »Du hast doch niemanden, und ab heute Abend prasseln die Bestellungen nur so rein. Also brauchst du uns. Ich wäre an deiner Stelle etwas vorsichtiger, schließlich bist du nicht vom Fach!«

Ich platzte innerlich. Äußerlich wich meine rosige Gesichtsfarbe gefühltem Feuerrot.

»Meine Liebe«, sagte ich, »wenn es so gehen soll, wie du es willst, dann geh bitte. Und nimm deine Kollegin gleich mit. Ich brauche niemanden, der außer heiße Luft und Altpapier nichts produzieren kann!«

Rumms. Das schien gesessen zu haben. Denn beide sahen ziemlich überrascht aus der Wäsche. Offensichtlich war ihr Plan nicht aufgegangen. Da ich keine Entscheidung erwartete, drehte ich mich auf dem Absatz um und ging. Zumindest um die Wut erleichtert, widmete ich mich den immer mehr werdenden Gästen.

Es wurde ein rauschendes Eröffnungsfest. Hunderte unbekannte Gesichter mit bekannten Twitternamen zelebrierten mit uns den Geburtstag von manomama. Selbst die rotzfreche Schnittmacherin nebst der Näherin waren nicht gegangen, und so dachte ich, sie hätten sich entschlossen zu bleiben. Rundherum zufrieden fiel ich irgendwann Sonntagmorgen ins Bett.

»Wahnsinn, Sina«, weckte mich Stefan am späten Nachmittag. »Der Shop ist gerade einmal zwanzig Stunden online, und wir haben mehr als 250 Bestellungen. Und das ohne Produktfotos!«

Für die Produktfotos war ja keine Zeit mehr gewesen, besser gesagt: Die Schnittmacherin war zu »beschäftigt« gewesen, um die Muster für die Fotos zu nähen. Also starteten wir ausschließlich mit einem Bestell-Konfigurator. Auf die Mitarbeiter unserer Werbeagentur, die ich bis vor wenigen Monaten noch als kreativer Kopf geleitet hatte, war aber schließlich Verlass. Liebevoll skizzierten sie unsere Kleidermodelle, die für die Darstellung im Internet benötigt wurden, und programmierten einen Baukasten. Kunden konnten per Klick ein Modell auswählen und anschließend die einzelnen Schnittteile wie Ärmel, Kapuze, Vorder- und Rückteil einfärben. »Gekauft wie gesehen«, heißt es immer so schön. Bei manomama war das anders: bestellt wie konfiguriert.

Montagmorgen trieb mich die Neugier. Sonst interessierten mich Zahlen reichlich wenig, und dennoch waren sie diesmal genau der Grund, warum ich extra früh aufstand. Ich startete bereits vor dem Frühstück meinen Computer und sah im Verwaltungsbereich des Shops nach. Um Gottes willen, dachte ich, als ich die Auflistung der eingegangenen Bestellungen sah. Jetzt sind es schon 405 Bestellungen! Etwas ungläubig kontrollierte ich mehrmals die Ansicht. Ich konnte es kaum begreifen. Träumte ich nur? Augenblicklich zapfte ich mir einen doppelten Espresso, um dem möglichen Zustand Abhilfe zu leisten. Aber auch zwei weitere Kaffee später änderte sich nichts an der Tatsache: Wir wurden »zugeschissen« mit Bestellungen.

»Oh«, sagte Stefan, mittlerweile ebenfalls wach, als er auf den Rechner sah. »409 Bestellungen, Gratulation!«

»Was, schon wieder fünf neue?«, rief ich.

Ein kurzer Blick auf die Uhr verriet mir, dass es höchste Zeit war, in die Näherei zu gehen und meinen beiden Damen von der erfreulichen Nachricht zu erzählen. Dort aber hätte ich es höchstens der Wand kundtun können. Sie kamen weder zum eigentlichen Arbeitsbeginn um acht noch um halb neun. Sie kamen überhaupt nicht mehr.

Zwei unendlich lange Stunden, gefühlte drei Liter Kaffee und 132 zusätzliche Bestellungen später hatten Miriam und ich Klarheit. Per E-Mail forderte die Schnittmacherin die letzte Lohnzahlung sowie ihre Papiere zurück. Die Begründung: In einem stressigen Umfeld könne sie nicht arbeiten. Und ihre Kollegin auch nicht.

Mir blieb die Spucke weg. Erster Arbeitstag bei manomama sah also wie folgt aus: 550 Bestellungen in Reihe und kein einziger Mensch, der in der Manufaktur näht. Prima.

»Es hilft alles nichts, Sina, wir brauchen ein Notfallprogramm«, versuchte mich Miriam zu beruhigen.

»Weiß ich«, sagte ich. »Und habe ich. Du schneidest zu und ich nähe. Fertig. Vorher rufen wir diesen Suley an. Der Türke, der sich bei uns persönlich beworben hat. Und die Gertrud. Die hat auch einen patenten Eindruck gemacht, ja?«

Suley war laut seinen Unterlagen, die er mitgebracht hatte, Mitte vierzig. Der mittelgroße Mann von kräftiger Statur hatte sich als Amateur-Fußballer und Profinäher vorgestellt. Nach außen hin hatte er sehr schüchtern gewirkt, aber seine neugierigen Augen ließen mich auf ein aufgewecktes Wesen schließen. Später stellte er sich als sehr hilfsbereit heraus, und als erster Hahn im Korb fühlte er sich sichtlich wohl. Gertrud war etwas jünger als Suley, hatte eine sportliche Figur, trug ihre blonden Locken halblang, dazu eine randlose Brille. Suley und Gertrud kannten sich, beide hatten schon vor zwanzig Jahren zusammen genäht, in einer Sportbekleidungsfirma in der Nähe von Augsburg. Ihr Beruf sollte sie wohl wieder bei mir zusammenführen. Ich hatte das für ein gutes Omen gehalten.

»Okay«, antwortete Miriam.

Und wir legten los. Ich erklärte ihr, wie man zuschnitt, und Miriam schnippelte sechs Tage und Nächte von Hand kunterbunte Sweatshirts und T-Shirts zu. So gut ich konnte, versuchte ich die Teile wegzunähen.

»Ab Montag kommen Suley und Gertrud«, motivierten wir uns beide. Und schnitten und nähten weiter.

»Uhh, guck mal die Farbkombi, wie grausam«, rief Miriam. Ich musste schmunzeln. »Was habe ich gesagt?«

»Ja, ja, aber wenn es dem Kunden gefällt.«

»Das wage ich zu bezweifeln.«

Und wir schnitten und nähten weiter.

Am darauffolgenden Montag tauchte tatsächlich unsere Unterstützung auf. Suley war überpünktlich und legte gleich los. Gertrud tat es ihm nach. Die beiden waren nach nur sehr kurzer Einarbeitungszeit so gut und schnell, dass der Bestellberg langsam schmolz und wir an den Versand denken konnten. Da kam mir eine Idee.

»Hey, jetzt haben wir über sechshundert Kleidungsteile genäht und für den Versand fertig. Suley und Gertrud schaffen alles andere allein, und wir können uns um die nächste Baustelle kümmern.«

»Die da wäre?«, fragte Miriam.

»Wir sollten für morgen aus unserem Freundeskreis die verschiedensten Konfektionsgrößen einladen und von jedem Kleidungsstück ein Foto schießen. Dann haben wir endlich viele Fotos für den Shop«, schlug ich ihr vor.

»Sehr gute Idee«, lobte Miriam. »Machen wir! Und überhaupt: Ich bin so froh, dass wir die Kuh vom Eis bekommen haben.«

»Frag mich mal«, antwortete ich erleichtert.

Zu diesem Zeitpunkt wusste ich noch nicht, dass die Kuh ins Eis einbrechen würde.

Am nächsten Tag trudelten sie ein: Freunde und Bekannte jedweder Größe und Breite. Alle Angesprochenen waren sofort Feuer und Flamme gewesen, als ich sie um diesen Termin gebeten hatte, niemand hatte abgesagt. Während ich bereits im obersten Stockwerk das Lichtset für das Fotoshooting aufbaute, kümmerte sich Miriam darum, jedem Model ein passendes Kleidungsstück anzuziehen.

»Sinaaaaaa, schnell! Komm sofort herunter!!!« Ein gellender Schrei durchbrach plötzlich meine geliebte Ruhe, die ich benötigte, um das Licht richtig einzustellen. Schließlich sollten es wunderschöne Aufnahmen werden. Wenn ich etwas hasste, dann war es eine Unterbrechung während dieser Zeit.

»Gleich«, rief ich zurück.

»Nein, sofort!«, schrie Miriam und kam mir bereits die Treppe entgegen.

Ich erschrak, denn diese Vehemenz hatte ich bei ihr in zehn Jahren nicht erlebt. Umgehend ließ ich die Finger vom Blitzkopf.

»Was ist denn los?«, fragte ich verwundert.

»Ich sage nichts. Das musst du dir selbst ansehen«, antwortete sie mit nicht zu übersehendem Kopfschütteln.

Dann sah ich unsere Models und schüttelte ebenfalls den Kopf.

»Um Gottes willen, was ist das?«, flüsterte ich. Langsam ging ich auf das erste Model zu. Der Papa von Anja (Anja ist Grafikerin in der Agentur) trug nicht etwas, was man als T-Shirt bezeichnen konnte. Vielmehr sah das Teil aus wie ein Leibchen mit einem Kragen aus der viktorianischen Zeit. Mein Blick wanderte weiter zu Felix, Werbekaufmann-Auszubildender der Agentur und zweites Model. Auch hier das Phänomen: ein links und rechts abstehender Kragen am T-Shirt. An einem traditionell anliegenden Rundhals-T-Shirt. Bei allen anderen Freunden und Bekannten derselbe Anblick: T-Shirts und Sweatshirts mit einer Passform wie ein Kohlensack.

»Das Problem hatten wir doch schon einmal bei der allerersten Anprobe.« Miriam versuchte mich aus meiner Stockstarre zu holen. »Ja.« Ich flüsterte immer noch. »Und die Änderungen habe ich in den Schnitt einarbeiten lassen. Die Schulter war viel zu hoch angesetzt gewesen.«

»Und die Schnittmacherin hat das nicht mehr geändert?«, fragte Miriam vorsichtig.

»Ich dachte schon. Zumindest hatte sie es mir gesagt. Die veränderten Schnittteile sind dann ja von ihr zum Gradieren geschickt worden«, erzählte ich weiter, ohne zu bemerken, dass Miriam bereits gegangen war.

Kurze Zeit später kehrte sie mit hochrotem Kopf zurück und schnaubte: »So eine … Eben habe ich im Gradierbüro angerufen. Die haben als Vorlage ›V1‹, also Version 1 der Papierschnitte. Die Schnittmacherin hat die falschen Schnitte geschickt. Alle Schnittschablonen sind falsch, alles kaputt!«

Mir wurde schlecht. »Ich brauch frische Luft«, sagte ich und ging auf eine kleine, versteckte Büro-Dachterrasse, während Miriam das Fotoshooting auflöste. So schnell bricht die Kuh ins Eis, die du auf festem Land glaubtest, dachte ich und überschlug grob im Kopf: Herstellung der Schnittschablonen, Kosten für die Gradierung, sechshundert Kleidungsstücke bereits zugeschnitten, teils genäht …

Stefan kam zu mir und reichte mir einen Espresso.

»Hier, nimm. Ich habe es schon gehört«, tröstete er.

»Ja. Fehlerhafter Stoff, scheiß Schnitte, falsche Schablonen, unverkäufliche Kleidung. Rund 40 000 Euro in den Sand gesetzt und nicht lieferfähig«, sagte ich unter Tränen.

»Jetzt muss ein Wunder geschehen, hm?«

»Ein Wunder geschehen? Pah! Wunder muss man selber machen!«

Von welchem Blickwinkel ich es auch betrachtete, die Bruchlandung ging auf meine Rechnung. Auch wenn Miriam und Stefan mir zu erklären versuchten, dass diese Annahme Blödsinn sei, ließ ich mich nicht davon abbringen. Denn ich hatte meine Prinzipien gebrochen. Genauer gesagt: mein Pippi-Langstrumpf-Prinzip, nämlich alles zu können, und was man nicht kann, zu lernen.

Als ich vor vielen Jahren mit Stefan die Agentur gründete, war die Anfangssituation ähnlich wie bei manomama: Ich hatte schlicht keine Ahnung von dem, was ich in Zukunft machen wollte. Der Unterschied jedoch war: Ich ließ mir ausreichend Zeit, um innerhalb von zwei Jahren alles, aber auch wirklich alles zu lernen – Marketing, Kreation, Grafikdesign, Fotografie, CSS- und HTML-Coding (das Programmieren von Websites). Mein großer naturgegebener Vorteil ist, dass ich Autodidaktin bin und in kürzester Zeit »ein semiprofessionelles Level erreiche, was andere mit viel Üben und Studieren im Leben nicht erlangen«. So formuliert es mein Mann gern. Diesmal aber, bei manomama, dachte ich, mit dem Nähen sei es getan. Und das war mein Fehler. Das Nähen ist das i-Tüpfelchen auf dem Buchstaben. Der kleinste Teil meines großen Vorhabens. Die textile Welt, so weit war mir inzwischen klargeworden, war deutlich mehr als eine Naht. Und so entschied ich mich dafür, mal wieder ein Notfallprogramm bei manomama anzuleiern und erneut in die Lehre zu gehen. Denn: Wer Wunder selber machen will, muss wissen, was er tut.

Das Notfallprogramm war schnell installiert: Gertrud und Suley schickte ich in ein verlängertes Wochenende. Anschließend ging ich shoppen. *Schnitte machen for Dummies, Die kleine Nähschule, Modedesign im Wandel der Zeit* und ähnliche Bücher fanden sich in meinem Einkaufskorb. Zusammen mit zehn Kilo Papier, einer Schere, einem Bleistift und einem Grafikprogramm verschanzte ich mich übers Wochenende in der Werkstatt. Angetrieben von einer Kraft, die ich daraus zog, dass ich niemandem Genugtuung verschaffen wollte. Wie viele Stimmen hatten mir in den letzten Wochen erzählt, mein Vorhaben sei eine Schnapsidee? Selbst enge Vertraute wie Raffi glaubten nach wie vor an eine Bruchlandung. Ich selbst klammerte mich stets an mein Motto: »Alles wird gut. Wenn's noch nicht gut ist, ist es noch nicht fertig.« Und so legte ich los.

Das kann ja nicht so schwer sein, dachte ich mir, während ich Grundlagen der Schnittkonstruktion studierte. Um ehrlich zu sein: War und ist es auch nicht. Im Gegenteil: Einmal den Kniff heraus, ist es ziemlich einfach, Schnitte zu konstruieren. Vor allem, wenn es um derart schlichte Stücke wie ein T-Shirt oder ein Sweatshirt geht. Handwerk eben. Und Übung macht den Meister. Sonntagabend war ich fertig: Alle bereits verkauften Modelle waren im Schnitt jetzt sauber und neu konstruiert, Musterteile und Größensatz zur Passformkontrolle genäht, von Freunden beim Nachmittagskaffee anprobiert, für gut befunden und gradiert. Über Nacht ließ ich den Plotter laufen, damit meine Näher die Schablonen zum Arbeitsbeginn hatten und erneut von vorne anfangen konnten. Der letzte Schritt des Notfallprogramms war die Neueinstellung von zwei weiteren Damen zur Unterstützung meiner bisherigen Mannschaft.

»Stell die Lieferzeit bitte deutlich nach oben«, bat ich Miriam. »So verschaffen wir uns ein bisschen Zeit, wenn es mal wieder ...«

»Wird es«, unterbrach sie mich. »Aber langsam haben wir ja Übung darin, findest du nicht?« Mit einem breiten Lachen verabschiedete sie sich in den Arbeitstag und ich mich nach zweiundsiebzig Stunden Durcharbeiten ins Bett.

9

KLEIDUNG FÜRS KARMA?
DACHSCHADENHOODIE!

Endlich zog der lang ersehnte und hart erarbeitete Alltag ein. Wir schnitten zu, nähten die Teile zusammen, verpackten und gaben das Modell in den Versand. Immer mehr Bestellungen erreichten uns. Nach kürzester Zeit konnte ich sechs weitere Mitarbeiter beschäftigen, die T-Shirts und Sweatshirts auf Wunsch nähten, eintüteten und an Kunden schickten. Tagsüber verweilte ich in der Näherei und half mit. Bis tief in die Nacht teilte ich mit Stefan den Küchentisch, und wir arbeiteten an unseren Rechnern ab, was tagsüber liegengeblieben war.

»Du?«, fragte mein Mann. »Heißt der von den Fantastischen Vier nicht Thomas Dürr?«

»Hm, keine Ahnung«, antwortete ich, während ich danach googelte.

»Doch, ja, warum?«

»Weil er eben eine Sweatjacke bestellt hat!« Stefan grinste.

»Moment«, sagte ich, »ist er nicht der Laudator der morgigen Preisverleihung?«

»Welcher Preisverleihung?«

»Ach, mich hat doch vor einigen Wochen karmakonsum, dieses Büro für nachhaltigen Konsum, gebeten, dringend unsere Bewerbung für deren Award einzureichen. Sie wollten einen Businessplan, den wir natürlich nicht haben. Trotzdem bestanden sie darauf, wenigstens einen Zehnzeiler über unser Projekt zu bekommen. Den habe ich ihnen fünf Minuten vor Einsendeschluss auf Drängeln durchgemailt. Außerdem soll ich morgen bei dem Ereignis dabei sein.«

Ich las nun die Vorankündigung der Preisverleihung im Netz durch. »Doch, das ist er«, wiederholte ich.

Am nächsten Morgen ging ich in meine kleine Manufaktur und verkündete, dass die Näher noch schnell eine Sweatjacke nähen müssten. »Aber bitte besonders schön, sie ist nämlich für Thomas D. von den Fantastischen Vier«, erklärte ich.

»Und wenn sie für den Kaiser von China ist«, konterte Suley, »wir nähen immer besonders schön.«

Grinsend begab ich mich ins Büro, sammelte meine sieben Sachen zusammen und bereitete mich auf das Event in Frankfurt vor. Zwei Stunden später überreichte mir Suley das Päckchen mit der Sweatjacke, und gemeinsam mit meinem Mann, der sich spontan entschieden hatte, mich zu begleiten, fuhr ich nach Frankfurt.

Ich hatte keine Ahnung, was mich dort erwartete, war mir aber sicher, dass es interessant werden würde. Schließlich »kannte« ich zahlreiche Gesichter bereits aus den sozialen Netzwerken, obwohl ich mich selbst noch nicht lange in jenen tummelte.

»Alles Menschen, die wie wir unsere Welt ein bisschen besser machen wollen«, erklärte ich Stefan.

In Frankfurt angekommen, sollte mich die Realität lehren, dass ich mich mit meiner Erklärung in einem Wort getäuscht hatte.

Vor der abendlichen Preisverleihung fand der ebenso zum Programm gehörende Nachhaltigkeitskongress statt. Es gab zahlreiche sogenannte Sessions, kurze Vorträge zu bestimmten Themen, die man besuchen konnte – oder auch nicht. Vom »Business-Yoga« über »Grün besser kommunizieren« war alles dabei. Nachdem uns aber selbst der abstruseste Titel nicht im Geringsten interessierte, suchten Stefan und ich die Kommunikationsbar auf. Bereits die Wahl des Getränks war nicht einfach: Mondwasser oder Sonnenwasser, das war hier die Frage. Noch viel schwieriger gestaltete sich jedoch ein ernsthaftes Gespräch mit den an der Kommunikationsbar stehenden Kongressbesuchern. Nach dem üblichen »Wer seid ihr so?« und »Was macht ihr so?« bekamen wir sofort zu hören: »Oh, supergeil. Ich hätte da aber auch so eine tolle Idee, würdet ihr investieren?« Oder alternativ: »Mensch, großartig, was ihr macht. Aber richtig erfolgreich werdet ihr erst, wenn wir für euch die nachhaltige, die grüne Kommunikation machen.«

Wen wir auch trafen (und das ganz unabhängig von der Kommunikationsbar), wir erlebten stets dasselbe: Entweder waren es erfolglose Werber, die nun in grüner Kommunikation ihre zweite Chance sahen, oder verträumte Yogis, die mit »Kuscheln für jedermann« den Weltfrieden herbeiführen wollten. Kurzum: Auf diesem Event tummelten sich Menschen, die die Welt wirklich besser machen wollten. Der kleine Unterschied zu uns: Es betraf nur ihre eigene Welt. In jeder Unterhaltung ging es darum, Finanzen abzugeben für irrwitzig egoistische Ideen oder als Gnadenbrot für verkrachte Werber, jetzt aber in Grün. Nachhaltigkeit konnte auf diesem Event niemand erklären, stattdessen hieß es nur: »Gut, dass wir darüber gesprochen haben.« Öko, bio, green – gern, wenn es mir etwas bringt.

So viel Gutmenschentum über sich ergehen zu lassen schürte den Hunger, und so warfen Stefan und ich einen Blick auf das Mittagscatering: Auf der Speisekarte stand »veganes Buffet«. Mein Auge sagte: »Achtung, Hundefutter nach dem Mindesthaltbarkeitsdatum.« Vegane Kost kann lecker sein. Dann, wenn diese Art der Speisenzubereitung nicht als Fleischersatz gehandelt wird. Ein Salat zum Beispiel. Ein Seitan-Wiener-Schnitzel, gratiniert mit veganem Käse (dahinter verbirgt sich Mehl, Wasser und ein Bunsenbrenner), ist dagegen schauderhaft. Dennoch wollten wir dem Essen eine Chance geben und fragten einen jungen Mann, der fleißig Undefinierbares in brauner Soße in sich hineinschaufelte, ob es ihm denn schmecke.

»Du, super viel Protein drin«, war seine Antwort.

Hungrig verließen wir die Location, die Frankfurter Börse. Vor dem Eingang beratschlagten wir, wie wir die Zeit bis zur Preisverleihung totschlagen wollten. Erneut hinein in die Höhle der »Free hugs for a better world«-Jünger war keine Option. Es verging eine Weile, die wir schweigend nebeneinander verbrachten. Plötzlich hörten wir ein »Grüezi«, das in unsere Richtung ging. Ein etwas älterer Herr mit charmanter Ausstrahlung steuerte mit Rotweinglas – um halb drei nachmittags – auf uns zu und sagte: »Was isch das hier? Ischts euch auch chomisch hier? Hallo, ich bin dr Ärnscht!«

Es stellte sich heraus, dass Ernst, einst Biobauer und Schafexperte in der Schweiz, mittlerweile Inhaber eines großen ökologischen Versandhauses war. Unternehmer. Einer dieser extrem seltenen Spezies auf der Veranstaltung. Kein Consultant oder nachhaltiger Luftschlossbauer, sondern ein Macher. Er sprach nicht nur über Ökologie, er lebte sie. Zumindest so gut, wie es sein Handelsgeschäft zuließ. Ich konnte und kann nicht erwarten, dass jeder Unternehmer derart radikal seine Überzeugungen verfolgt, wie ich es mache. Deshalb freue ich mich auch über Gleichgesinnte, die in Ansätzen oder Teilbereichen überzeugend ökologisch oder sozial handeln. Man muss auch ehrlich sein: Es ist viel schwieriger, ein bestehendes Unternehmen unter ökologischen und sozialen Aspekten neu auszurichten, als ein neues ökosozial zu gestalten. So freute ich mich sehr über die Bekanntschaft, denn in diesem Moment nahm die gesamte Veranstaltung für uns eine Wende: Wir hatten Spaß.

»Chabt ihr schon wos gessn?«, fragte Ernst und nippte am Rotweinglas.

Alkohol wäre auch eine Lösung, dachte ich. Aber auf nüchternen Magen bestimmt keine gute Idee.

»Nein«, erwiderte ich. »Den Fraß da …«

»Ey«, unterbrach mich Ernst. »Um die Ecke müsst ihr gehen, da ischt an Currywurrschtschtand! War ich grad, ischt guet!«

Zehn Minuten später saßen Stefan und ich im Imbiss und genossen in epischer Ruhe eine fetttriefende, knackig gegrillte dicke Currywurst. Mit Pommes. Und mit Ketchup und Mayo.

»Ein Gläschen Mondwasser dazu und mein Glück wäre perfekt«, witzelte Stefan.

Pünktlich zur Preisverleihung kehrten wir in die Börse zurück und nahmen die uns zugewiesenen Plätze ein. Dass am Ende der Veranstaltung mein Name fallen und ich auf die Bühne gebeten wurde, damit hatte niemand gerechnet. Am wenigsten ich. Mit einem Lächeln nahm ich die Trophäe für das überzeugendste nachhaltige Projekt des Jahres entgegen. Es war ein zusammengelöteter kleiner Einkaufskorb auf einem Holzsockel. Es war mein erster Preis und das erste Mal auf einer größeren Bühne. Das war wohl der Grund, warum ich mich nicht traute, ehrlich meine Meinung kundzutun. Damals nahm ich den Preis mit ungefähr diesen Worten entgegen:

»Wow! Hammer! Das hätte ich nicht erwartet. Ich freue mich riesig, dass wir diesen Preis, unseren ersten, bekommen haben. Und wir machen weiter. Wir machen in Augsburg, ihr hier die Welt etwas besser! Danke!«

Heute, viele Preise und Erfahrungen später, würde ich es anders formulieren:

»Danke für den Einkaufskorb. Meine tiefste Gratulation zu diesem Sinnbild. Denn, liebe Kongressbesucher, worum geht es hier und heute? Es geht ums Einkaufen. Und Ihnen speziell ums Verkaufen. Um das grün anzustreichen. Ich durfte hier meinen heutigen Tag mit vielen Gesprächen verbringen. Mein Fazit? Sie alle sind wirklich gute Menschen. Sie trinken für den Regenwald, Sie kuscheln für den Weltfrieden. Sie versinken in Yoga-Übungen für eine bessere Welt und kommunizieren Produkte grüner. Nur: Ändern tun Sie nichts. Kein bisschen machen Sie unsere Welt besser. Das Einzige, was besser wird, ist Ihr Gefühl. Ihr Gewissen. Ihre eigene kleine, elitäre Welt. Das, verehrtes Auditorium, ist mir zu wenig!«

Dass ich mit meiner heutigen Einschätzung richtig liege, zeigte mir auch die Begegnung mit Thomas D. Er hielt die Laudatio bei der Preisübergabe. Nicht, weil er mein Projekt unterstützenswert fand, sondern weil es gut für sein grünes Aussteigerimage war, dort einige Worte zu schwingen. Auf der Bühne zog er die bestellte Jacke an, die ich ihm dort überreicht hatte, und lobhudelte. Wir zeigten uns vor der Presse, und er gab anschließend ein Fernsehinterview zum Thema »Nachhaltig leben«. Bereits fünf Minuten nach der Preisverleihung gab es kein Wort mehr zum ach so unterstützenswerten Projekt. Dennoch wollte ich die Flinte nicht ins Korn werfen und schrieb Thomas D. einige Tage später eine E-Mail und fragte vorsichtig an, ob ich das Foto von ihm und mir, auf dem er die Jacke trug, für meinen Online-Shop verwenden dürfe. Ich gab zu verstehen, es wäre sehr hilfreich, einen prominenten Fürsprecher zu haben. Aber er lehnte ab. Übrigens habe ich im Lauf der nächsten Monate mehrere Prominente, die sich öffentlich ökologisch und sozial engagieren, um Unterstützung gebeten, aber niemand, den ich fragte, sagte zu. Besonders blieb mir Dr. Eckart von Hirschhausen in Erinnerung. Ich war nach Wiesbaden zu einer Veranstaltung eingeladen. Dort lief mir der sich sehr sozial einsetzende Comedian über den Weg. Wer wagt, gewinnt, dachte ich und sprach ihn direkt an. Ich erzählte ihm von meinem Projekt und von meinem Wunsch nach Unterstützung. Kurz angebunden lehnte er mit der Begründung ab, er würde seine Hilfe nur großen Sachen gewähren, ich solle mich an Augsburger Prominente wenden. Ich glaube, würde ich all jene Prominente heute fragen, wäre es überhaupt kein Problem, sie zu gewinnen. Heute aber frage ich nicht mehr, weil ich nach diesen beiden Erlebnissen entschied, keine Hilfe von jenen zu erbitten, die sich nur für ihr eigenes Image engagieren.

Auf der Rückfahrt nach Hause durchforstete ich in meinem mitgenommenen Computer meine gesamten sozialen Netzwerke und schmiss alle Grünwäscher und Gutmenschen, Karmajünger und Nachhaltigkeitsconsultants aus meiner Timeline. Durchaus wehmütig geschah dies, schließlich dachte ich bis zu diesem Zeitpunkt, dass »wir« seit diesem guten Jahr, in dem ich ein Teil der sozialen Netzwerke bin, eine Gemeinschaft sind, Gleichgesinnte, die sich ernsthaft der Idee einer besseren Welt für alle verschrieben haben.
»Sei nicht traurig, Schatz«, tröstete mich Stefan. »Verdeutliche dir lieber, warum diese Leute in Bio machen und warum du!«

Einst war »Bio« Überzeugung. Erinnern wir uns an die ersten Bauern, die unter großem Spott anderer ihre Felder auf ökologischen Landbau umstellten und in den darauffolgenden Jahren mit niedrigeren Erträgen auskommen mussten. »Die haben uns damals alle nicht ernst genommen, uns Überzeugungstäter«, erzählte mir Dirk Vollertsen, Vorstand bei Bioland, dem Verband ökologischer Erzeuger, in einem unserer unzähligen Gespräche. Heute kann er mit seinen Mitgliedsbetrieben nicht mehr das produzieren, was er an Menge auf dem Markt verkaufen könnte. So sehr hat sich das Blatt gewandelt. Mit dieser Veränderung kam aber auch das Problem. Bio ist Lifestyle geworden, beinahe schon eine Modeerscheinung. Ein Blick in die Verkaufsregale bestätigt dies: Mehr und mehr finden sich dort hippe Biokonsumartikel. Ja, sogar Produkte, die Bio ad absurdum führen. Anders kann man sich den pürierten Bio-Drinkgenuss für das Kleinkind im Alu-Quetschpack oder aber Bio-Rindsragout für mehr Fellglanz beim häuslichen Fiffi nicht mehr erklären.

Die Sache ist einfach: Bei Bio verhält es sich wie mit Geld. Es gibt altes Geld und neues Geld. Altes Geld sitzt in Hamburg an der Elbchaussee, und nur wenige kennen die Geldbörsenbesitzer. Sie tragen ihren Reichtum kaum zur Schau. Und dann gibt es das neue Geld. Es sitzt in München-Grünwald oder L. A., wird kurzerhand von einem von Anhalt adoptiert und somit zum Prinzen. Passt besser zur brillantbesetzten Lünette der roségoldenen Rolex.

Altes Bio, oder besser: ehrliches Bio, hat meist eine lange Tradition, denn es geschieht aus Überzeugung. Neues Bio ist keine echte Alternative zum konventionellen Konsum, sondern dasselbe »nur in Grün«. Bio ist dadurch verstärkt zum Alleinstellungsmerkmal verkommen. Bio ist Marketing. Weil sich damit mehr Geld verdienen lässt. Noch mehr. Der überzeugte Biobauer wird schmerzlich lachen – und das zu Recht verneinen. Nach wie vor kratzen zu viele Ökoproduzenten am Rande der Existenz. Coole Bio-Start-ups hingegen schreiben Gewinne über Gewinne. Weil das Marketing funktioniert. Weil Bio für die Upperclass installiert wird. Weil ein paar Hundert Gramm Bio-Trockenfrüchte für 9,90 Euro auf einmal das Geld wert sind, das heimische Kilo Äpfel zu 1,99 Euro ist es nicht. Zwanzig demeter-Teebeutel werden im Regal stehengelassen, während eine Palette Bio-Wellnesstee in kleinen Fläschchen nach Hause geschleppt wird. Vergeblich wird dem Kunden erklärt, dass der Teebeutel eine deutlich bessere Ökobilanz hat. Aber – der vorgebrühte Tee in schicker Glasflasche zu völlig überteuertem Geld ist einfach trendiger. Und noch besser fürs Gewissen, weil der Käufer einen minimalen Teil des Verkaufspreises für eine gute Sache spendet. Um ehrlich zu sein: Ich nehme mich da nicht einmal aus. Auch ich falle gelegentlich darauf rein. Ich trinke diesen Tee in der hippen Glasflasche gerne, wenn ich unterwegs bin. Auch wenn es mich anschließend ärgert.

Bio wird von zahlreichen Firmen heute genau dafür genutzt, was früher in Zeiten einfacher Kommunikation durch klassische Werbung gut zu steuern war: Bio ist etwas Besonderes für Besondere. Und das wird zelebriert.

Vor einiger Zeit war ich zu einer Podiumsdiskussion eingeladen. Es ging um »Bio« und »nachhaltig«. Mir gegenüber saß die Vertreterin der Wirtschaftsjunioren, die genau bestätigte, was ich unterstellte. Sie nämlich erzählte von ihrem Bio- und Nachhaltigkeitsengagement. Nur ausgewählte Firmen dürften bei ihrer Organisation mitmachen, nur handverlesene Businesskontakte hätten dazu Zutritt. Bio als nachhaltige Verarsche. Bio als Schlüsselwachstumsreiz in Sachen Profit. Bio, so elitär, dass mir das kalte Grausen kam.

All diese Erfahrungen bewogen mich dazu, nicht mehr großartig herumzutönen, dass manomama auch »Bio« macht. Weil wir eben nicht »auch« Bio machen. Bio ist für mich kein Marketinginstrument, sondern Grundvoraussetzung für einen ordentlichen Arbeitsplatz.

»Was du nicht willst, das man dir tu, das füge auch keinem anderen zu.« Gemäß meiner einzigen Managementregel, die meinem gesamten Vorgehen zugrunde liegt (mehr benötigt es wirklich nicht, um fair zu handeln), plante ich von Anfang an die gesamte Produktionskette bei manomama durch. Schnell war klar, dass ich nicht als Baumwollpflückerin pestizidverseuchte Baumwolle sammeln wollte. Ebenso wenig wollte ich mir meine Lunge mit Plastikstaub versauen noch als Näherin Stoffe verarbeiten, die so behandelt sind, dass sie mir auf Dauer offene Finger und Asthma bescheren. Zuletzt, um das nicht zu vergessen, wollte ich als Kunde auch kein Kleidungsstück besitzen, das voller Schadstoffe steckt und mit giftigen Chemikalien für lange Transportwege konserviert werden muss. Das Resultat war: Bio. Und regional. Viel mehr Bio, Öko oder wie man es auch nennen will, als irgendein Siegel heutzutage abbildet. Das war auch der Grund, warum manomama heute eine Kooperation mit Bioland pflegt und einen eigenen Standard für echte ökologische Textilien entwickelt, die innerhalb einer regionalen Wertschöpfungskette gefertigt werden. Weil Bio für die Menschen ist. Und nicht für deren Geldbeutel.

Das anstehende Wochenende gab mir genügend Zeit, intensiver über meine Erlebnisse auf dem Frankfurter Kongress nachzudenken. Sonntagnachmittag trieb es mich dennoch in die Manufaktur, um einige weitere Prototypen zu basteln. So weit kam es aber nicht. Als ich die Tür zur Näherei öffnete, zog modrig feuchter Geruch in meine Nase. Ich atmete tiefer ein, während ich den Schalter suchte und das Licht einschaltete. Der darauffolgende Anblick versetzte mir einen Schock. Jetzt macht der ehemalige Lounge-Raum der Agentur seinem Namen alle Ehre, dachte ich. Der Raum hieß Schweinestall. Oder besser gesagt: Er war ein Schweinestall gewesen. Vor rund vierhundert Jahren gehörte das gesamte Anwesen Hugenotten, die noch vor den Zeiten des Augsburger Religionsfriedens vor den Toren der Stadt hausen und wirtschaften mussten. In diesem denkmalgeschützten Anwesen war neben der Agentur nun auch meine Manufaktur untergebracht. Im Schweinestall eben: Der zweihundert Quadratmeter große Raum war im rechten Drittel komplett verwüstet. Genau dort, wo unser gesamter Stoff gelagert wurde. Kiloweise Bauschutt lag über unseren Stoffrollen. Diese waren wiederum pitschnass und stanken nach Abwasser. Von der Decke oder von dem, was von der Decke noch übrig geblieben war, tropfte unentwegt braunes Dreckwasser.

Nach der ersten Bestandsaufnahme kamen mir die Tränen. Ein Drittel der Stoffe war sofort zu entsorgen, ein weiteres Drittel war wie durch ein Wunder komplett verschont geblieben. Das dritte Drittel war klamm. Feucht aufgrund der hohen Raumluftfeuchtigkeit. Ich hätte mir einen Sonntagnachmittag schöner vorstellen können, aber mir blieb keine Wahl. Also krempelte ich meine Ärmel nach oben, suchte Werkzeug und Fotoapparat zusammen und machte mich ans Werk. Nach genauer Dokumentation für die Versicherung begann ich, die Stoffrollen von Schutt und Dreck zu

befreien. Anschließend wanderten die komplett durchnässten Rollen ins Freie. Stundenlang räumte und reinigte ich,
bis ich völlig erschöpft zu Boden sank und einschlief.

»Was ist denn hier los?«, fragte mich Stefan, der fassungslos am nächsten Morgen in den Raum blickte. Mittlerweile
war er es gewohnt, dass ich ab und an die gesamte Nacht
in der Manufaktur verbrachte. Zum Beispiel, um neue
Schnitte auszutüfteln oder erste Muster zu nähen.
Der Anblick des Wasserschadendesasters schockierte ihn.
Ich hatte ihn auch nicht informieren und um Hilfe bitten können. Schließlich war er bei unserem Filius geblieben, und so hatte ich mir so gut es ging selbst helfen müssen.
»Chaos …«, murmelte ich noch schlaftrunken.
»Das sehe ich«, erwiderte er.
»Wasserschaden«, stammelte ich weiter.
Ich stand auf, zupfte meine Kleider zurecht und zapfte mir
erst einmal Kaffee. Gemeinsam tranken wir einen zweiten
und einen dritten. Dann war die Vorgehensweise klar. Wir
ließen einen Baugutachter kommen und alles noch mal von
einem Experten dokumentieren. Zeitgleich informierten
wir den Vermieter, der am Sonntag nicht erreichbar gewesen war. Der Wassereinbruch war das Ergebnis einer ver-
stopften Dachrinne, die falsch konstruiert und zudem nicht
ordnungsgemäß gereinigt war. Der Baugutachter versicherte uns zwar, dass wir letztlich recht hätten, die Wahrscheinlichkeit aber gering wäre, recht zu bekommen. Es würde
wohl auf einen Dauerstreit zwischen Eigentümer und Bau-
träger beziehungsweise Subunternehmer des Bauträgers
hinauslaufen.
Zum Streiten fehlt mir die Zeit, dachte ich. Außerdem bin
ich ja mit einem Juristen verheiratet. Seitdem weiß ich, dass

Streitigkeiten, je länger sie dauern, umso teurer werden. Am Ende würde es ein Nullsummenspiel werden. Ich musste also aus dieser katastrophalen Situation das Beste machen. Mit völlig durchnässten Stoffen, die mittlerweile in der Sonne braune Ränder bekamen und nach Kloake rochen, war das keine leichte Aufgabe.

»Die einzige Möglichkeit, die mir bleibt, um den Schaden so weit zu minimieren, dass ich keine Existenzangst haben muss, ist die, den klammen Stoff sofort zu verarbeiten. Trocken wird er dann auf dem Weg zum Kunden«, gab ich Stefan und Miriam zu verstehen.

Die beiden sahen mich mit großen Augen an.

»Wie willst du das machen? Zum einen sind das gut dreihundert Meter, also ungefähr zweihundert Sweatpullis, zum anderen ist es Winterstoff. WIN-TER-STOFF. Und wir haben Sommer, Sonne, warme Luft. Das funktioniert nie! Das wird doch muffig und schimmelt!«, hielt Miriam dagegen.

Stefan hingegen verhielt sich neutral. »Einen Versuch ist es wert, gibt ja nur einen!«

Typisch rational denkender Jurist, dachte ich und sagte laut: »Wir haben keine andere Chance, also machen wir das jetzt.«

Entschlossen kehrte ich den beiden den Rücken, begab mich zu meinen nicht minder verstört aussehenden Näherinnen und Nähern und warnte vor Überstunden innerhalb der nächsten achtundvierzig Stunden. Anschließend informierte ich meine Tweeties und Facebook-Freunde über unsere neue Aktion: den »Dachschaden-Hoodie«. (Hoodies sind übrigens Kapuzenpullover.) Die Reaktionen blieben nicht aus. Zahlreiche E-Mails erreichten mich, die mich zum Durchhalten aufforderten, mir Tipps in Sachen Recht gaben und eine Bestellung beinhalteten. So viele, dass nach zwei Tagen der gesamte klamme Stoff und darüber hinaus einige Rollen trockenen Stoffes verarbeitet waren. Ich war überwältigt von dem Engagement der Menschen, die uns halfen, diese Situation in den Griff zu bekommen.

»Ich hätte nie gedacht, dass diese losen Bekanntschaften in den sozialen Netzwerken da sind, wenn es schwierig wird«, staunte Miriam.

»Umso mehr finde ich die ganze Nummer den absoluten Hammer«, sagte ich. Vielleicht auch, weil ich nach der Enttäuschung in Frankfurt und anschließenden Reinigung meiner sozialen Netzwerke zum ersten Mal wieder das Gefühl hatte, dass es doch Menschen gibt, die gemeinsam was Tolles schaffen möchten. Und helfen, wenn man sich braucht.

Der Vermieter ließ einige Tage später das Dach reparieren, wir konnten wieder zur Normalität zurückkehren.

»Eines ist trotzdem sicher«, wandte Stefan ein.

»Was denn?«, fragte ich.

»Wir müssen hier raus. Nicht nur, dass es langsam zu klein wird. Wir müssen auch vermeiden, dass uns so etwas noch einmal passiert. Bei einem jahrhundertealten Denkmalobjekt kann das nicht garantiert werden. Am besten, wir suchen uns ein Objekt im Textilviertel. Dort, wo die Branche zu Hause war.«

»Du Held«, frotzelte ich. »Da gibt es so gut wie keine Immobilien mehr. Entweder sind sie an Investoren verkauft, oder sie gehören der Stadt.«

»Eben. Dann wende dich an die Stadt. Die müssen dir helfen. Das nennt sich Ansiedlungshilfe. Wirtschaftsreferat!«

10

VIEL GEREDE, OHNE WORTE

Kaltakquise mochte ich nie. Früher, als Werberin, habe ich jahrelang für eine Staubsaugerfirma gearbeitet. Jene, die ihre Berater an den Türen klingeln lässt, um etwas an den Mann oder an die Frau zu bringen. Das war damals nicht meine Welt und ist es auch heute nicht. Deshalb wartete ich zunächst auf eine gute Gelegenheit, um mit dem Wirtschaftsreferat der Stadt Augsburg in Kontakt zu treten. Das Dumme war nur: Sie wollte sich nicht ergeben.

Eine Freundin von mir hörte von meinen Versuchen, besuchte mich, schmiss mir einen Zettel mit einer Handynummer hin und sagte: »Meine Liebe, also das ist doch kein Problem. Hier hast du die Nummer vom Bürgermeister persönlich. Ruf ihn an, mach das klar!«

Pragmatisch wäre das schon, dachte ich. Aber ich wusste, es war der falsche Weg. Wer jahrelang für Konzerne arbeitet, weiß, wie Politik geht. Wenn du mit dem Unter spielen willst, geht man nicht über den Ober. Und keinesfalls klingelt man beim König. So einfach ist das. Behörden sind mindestens genauso effizient strukturiert wie Konzerne.

Also versuchte ich mein Glück direkt und wurde immer wieder abgewimmelt. Bis zu dem Tag, als es medial die Runde machte, dass manomama innerhalb des »Land der Ideen«-Wettbewerbs als »Ausgezeichneter Ort« geführt wurde und ich in die Staatskanzlei nach München eingeladen wurde. In einem feierlichen Rahmen sollte ich die Auszeichnung entgegennehmen. Meine zweite.

Zunächst wurden die Preisträger in verschiedensten Kategorien vorgestellt, und meines Erachtens waren wirklich tolle Projekte darunter. Ein Forscherteam zum Beispiel, das eine Einspritztechnologie entwickelt hatte, durch die 20 Prozent weniger Sprit benötigt wird. Oder das Portal Marathonis, das Down-Syndrom-Menschen das Laufen näherbringt.

Die Operative der Staatskanzlei hielt das Grußwort, der Repräsentative ließ sich entschuldigen. Dr. Marcel Huber, Chef der bayerischen Staatskanzlei, fand lobende Worte für die Innovationskraft der Bayern und lieferte mir für meine anschließende Rede eine Steilvorlage, wie ich sie mir nicht besser hätte wünschen können. Er sagte: »Wir tun alles, dass die Menschen in Bayern die Vorteile aus der Globalisierung ziehen.«

Dann kam mein Part. Ich knüpfte direkt an: »Es ist wunderbar, dass die bayerische Staatsregierung und wir von manomama so gut zusammenarbeiten. Wir nämlich kümmern uns um die Menschen in Bayern, die die Nachteile der Globalisierung erleiden. Innovationskraft braucht ein Land, und dass wir ein Land der Ingenieure und Tüftler sind, ist wichtig – und richtig. Aber«, und das habe ich unmissverständlich in meine Redeminuten gepackt, »man darf bei aller Technikverliebtheit und allem Innovationsdrang nicht vergessen, dass es Menschen gibt, denen nicht die Möglichkeit gegeben ist, am Hightech-Forscherleben teilzunehmen. Auch für diese Menschen brauchen wir eine sinnvolle Arbeit und Anerkennung.«

Ein Schmunzeln ging dem Auditorium über die Lippen, als ich zum Schluss noch erwähnte, dass wir ob des Preises »etwas beleidigt waren«. Schließlich würde dieser Preis Innovationskraft auszeichnen, und manomama stünde für Ethik in der Wirtschaft und soziales Handeln. Für uns seien diese Werte keine Neuerung. Andererseits freuten wir uns darüber, denn die Honorierung eben jener Werte als Innovation ist eine Chance, dass Wirtschaftsethik und Anstand wieder einziehen in Unternehmen.

Den Worten folgten zwei Begegnungen, die mir in Erinnerung blieben. Die erste war mit einem älteren Herrn. Er kam zu mir, stellte sich als Professor a.D. vor und machte mir ein schönes Kompliment: »Vielen Dank, Frau Trinkwalder. Das waren die ehrlichsten Sätze, die unter dieser Kanzleikuppel jemals gesprochen wurden.« Ich musste lachen.

Die zweite Begegnung war nicht minder emotional. Nach meinen kritischen Worten beugte sich der damalige Staatskanzleichef Huber zu mir herüber und flüsterte mir mit finsterer Miene zu: »Wir müssen reden!« Das taten wir anschließend auch. Über meine Vorstellungen, wie man Jugendliche ebenso wie Ältere wieder sinnvoll und erfolgreich in den Arbeitsmarkt integrieren könne. Er sicherte mir seine völle Unterstützung zu.

Kurz nach dieser Veranstaltung trudelte in mein Postfach eine E-Mail der Stadt Augsburg ein. Genau von jenem Referat, von dem ich etwas wollte, besser gesagt von Frau Weber, der Wirtschaftsreferentin. Es hieß in der Mail, man wolle auf der referatseigenen Website über die gewonnene Auszeichnung berichten. Aufrichtige Freude stieg in mir empor. Ein erster Draht zum Wirtschaftsreferat war endlich hergestellt.

Einige Tage später erhielt ich eine weitere E-Mail. Diesmal aber nicht vom Wirtschaftsreferat, sondern von den Grünen. Matthias Strobel, Claudia Roths Mitarbeiter aus ihrem Augsburger Wahlkreisbüro, informierte mich, dass sich seine Parteivorsitzende selbst in die Sache eingeschaltet und anhängenden Brief als offenen Brief an die Wirtschaftsreferentin und den Oberbürgermeister geschrieben habe. Völlig verdutzt ob der unerwarteten Schützenhilfe öffnete ich das anhängende PDF. Zunächst erblickte ich den Bundesadler, anschließend überflog ich folgende Zeilen:

Sehr geehrte Frau Weber,
Augsburg hat eine bewegte Vergangenheit als Textil-
und Industriestandort. Gerade der Rückgang der
Textilindustrie hat nicht nur vielen Menschen den
Arbeitsplatz genommen, sondern auch einen ganzen
industriekulturellen Zweig aus Augsburg verschwin-
den lassen.
Aus diesem Grund hat es mich umso mehr gefreut,
dass eine junge Firmengründung nun versucht, in
Augsburg mit Kleidungsproduktion Fuß zu fassen,
und dies zudem mit ökologischer, fairer, sozialer und
regionaler Herstellung. Das Unternehmen manoma-
ma, gegründet von Sina Trinkwalder, kann inzwischen
auf ein äußerst erfolgreiches erstes Jahr zurückblicken.
Belegt wird dies auch durch zahlreiche Preise und No-
minierungen, wie zuletzt als Preisträger bei »Deutsch-
land – Land der Ideen«.
Gerade das starke Wachstum bringt nun aber Raum-
not mit sich, die bisherigen Räumlichkeiten in Augs-

burg werden zu klein. Ich kann mir gut vorstellen, dass das Konzept und die Produktion von manomama an einen der traditionellen Augsburger Standorte der Textilindustrie, z. B. auf dem Gelände der AKS rund um das tim, passen würden und angesiedelt werden könnten. So gibt es heute schon Kooperationen zwischen manomama und dem tim.

Ich bitte Sie hiermit darum, sich mit manomama in Verbindung zu setzen und zu prüfen, welche Möglichkeiten die Stadt Augsburg hat, um dieses innovative Unternehmen zu unterstützen. Es wäre sehr bedauernswert, wenn Augsburg ein Unternehmen dieser Form verlieren würde. Gerade, da darin noch sehr viel Potenzial steckt.

Mit freundlichen Grüßen
Claudia Roth MdB

Kurzfristig hatte ich einen Termin beim Wirtschaftsreferat. Pünktlich betrat ich den vierten Stock des Gebäudes und wurde in das Büro der Referentin gebeten. Nach einer guten Viertelstunde war ich wieder draußen. Nicht weil es nichts zu besprechen gegeben hätte. Ich hatte jedoch überhaupt nicht das Gefühl, dass die Stadt interessiert daran war, mir zu helfen. Den Termin verbuchte ich unter »Außer Spesen nichts gewesen«.

Danach schrieb der Augsburger Oberbürgermeister Kurt Gribl an Claudia Roth. Dieser Brief war hingegen nicht öffentlich. Gribl betonte darin, dass das Wirtschaftsreferat seit über einem Jahr mit uns in Kontakt stünde und wir die Angebote des Referats sehr positiv aufgenommen hätten.

Als ich den gesamten Brief las, war ich fassungslos. Zum einen ob der Dreistigkeit des angeblich länger gepflegten Kontakts (ich hatte in dem angeblichen Jahr nicht einmal vom Referat gehört), zum anderen hatte es den Anschein, Politiker würden in einem Paralleluniversum leben. Entgegen der Meinung des Oberbürgermeisters konnte ich mich nicht erinnern, ein Angebot des Referats »sehr positiv aufgenommen« zu haben.

Richtig ist, dass die Wirtschaftsreferentin stolz auf ihre Wirtschaftshilfe gewesen war. Auf jene Wirtschaftshilfe, die ich als solche überhaupt nicht erkannt hatte. Sie war nämlich bei dem fünfzehnminütigen Termin der Meinung gewesen, dass das Foto von Staatskanzleichef Marcel Huber und mir, das sie auf ihre Referatswebsite stellen ließ (samt Pressemitteilung), eben eine Wirtschaftshilfe wäre.

»Frau Weber, für Sie mag das Wirtschaftshilfe sein, für mich ist es ein Schmücken mit fremden Federn. Mir bringt es als Unternehmerin überhaupt nichts, zusammen mit Herrn Huber auf Ihrer Wirtschaftsseite zu grinsen«, entgegnete ich.

Auf ihr verständnisloses Kopfschütteln folgten einige gut gemeinte Ratschläge. Ihre Mitarbeiterin, die ebenfalls an dem Treffen teilgenommen hatte, äußerte den glorreichen Einfall, doch mal bei der Regionalvermarktungsgesellschaft anzurufen. Vielleicht bräuchten die ja T-Shirts oder andere Merchandising-Artikel. Man könne mir da die Adresse geben. Die Wirtschaftsreferentin führte die Ideenliste weiter aus: Sie könnten mir auch eine Adresse des jetzigen Besitzers der ehemaligen Textilimmobilien geben. Und natürlich die der Augsburger Fördermittelagentur. Eine Vermittlung zum Immobilienverwalter des ehemaligen Textilgeländes und heutigen Gewerbeparks war ebenfalls überflüssig. Schon längst hatte ich Kontakt mit dessen Geschäftsführer. Meine Frage, ob im städtischen Ballenhaus (ein ehemaliges Rohwarenlager mitten im Textilviertel) nicht etwas frei sei, wurde verneint. Dort, so hieß es, würde demnächst das Stadtarchiv seinen Platz finden. Außerdem würde dort eine Filzwerkstatt eingerichtet werden. Kein Wunder, dass das Treffen nur sehr kurz gewesen war, ich hatte es meinerseits beendet. Man hatte nicht begriffen, dass Unternehmer wie ich Xing und Google bedienen können. Ich hingegen begriff, dass das Augsburger Wirtschaftsreferat nichts anderes als ein Adressbuch für Offliner zu sein schien. Schade war es um meine Zeit gewesen. Zugleich war ich traurig. Denn in das Erdgeschoss des städtischen Ballenhauses wäre ich so gern mit meiner Näherei eingezogen. Der Grund lag in der Historie: Das Haus ist Teil des letzten Textil-Ensembles der Stadt, direkt gegenüber dem Textilmuseum.

Wochen später erhielt ich erneut eine E-Mail vom Wirtschaftsreferat. Diesmal von einem Herrn. Er teilte mir mit, dass sich die Stadt Augsburg nun doch unter Umständen vorstellen könnte, uns in einen Teil des Erdgeschosses des Ballenhauses ziehen zu lassen. Er schrieb:

Sehr geehrte Frau Trinkwalder,
ich würde mich sehr freuen, wenn Sie (...) nur kurz die Rettung der Welt unterbrechen könnten und mit mir und meinem Kollegen (...) die Räume im Ballenhaus besichtigen könnten.

Voller Begeisterung lief ich zu Miriam und schrie: »Miri, wir ziehen ins Ballenhaus!«

»Wie kommt's?«, fragte sie verwundert.

»Die Stadt hat es sich offenbar anders überlegt. Wir haben einen Termin zur Besichtigung. Wah, ich freu mich so!«

Wenige Tage später traf ich mit Klaus, einem guten Freund und – in diesem Fall deutlich wichtiger – Rechtsanwalt und Zeuge, zwei Vertreter der städtischen Verwaltung in besagter Räumlichkeit. Es wurde ein sehr konstruktives, ein sehr freundliches Treffen. Selbst auf kritische Einwände meinerseits bemühten sich die beiden Männer, eine Lösung vorzuschlagen.

»Heizung?«, fragte ich.

»Da werden wir schon was machen können.«

»Sanitäre Anlagen?«, bohrte ich weiter.

»Die müssten wir im hinteren Bereich anbringen, weil vorne die Filzwerkstatt hinkommt.«

»Mietvorstellungen?« Das war meine letzte Frage.

»Sicherlich wird Ihnen die Stadt da entgegenkommen. Unsere Aufgabe ist es, Sie zu bitten, uns ein Konzept samt Nutzungsvorschlag zu erstellen. Dann werden wir das schon hinkriegen.«

Wir verabschiedeten uns, und Klaus lud mich anschließend auf einen Kaffee im Textilmuseum ein. Im Unterschied zu Stefan ist er ein praktizierender und leidenschaftlich agierender Jurist. Er ist nicht nur für mich erste Anlaufstelle, wenn es um juristischen oder steuerrechtlichen Rat geht, sondern auch für meine Mitarbeiter eine vertrauensvolle Person. Für ihn steht an erster Stelle der Mensch und irgendwann die Kostenstelle.

»Mensch, Sina, das klingt doch klasse!«

»Ich finde es so geil«, antwortete ich. »Das ist, was ich mir immer gewünscht habe. Textilien wieder dort zu produzieren, wo sie früher hergestellt wurden. Ich freue mich so, dass die Stadt nun einlenkt. Aber sei so lieb und schreibe bitte du das Konzept. Ich möchte da sichergehen.«

Schließlich lag der Stadt unser Nutzungskonzept vor. Es folgte: Stille. Gefolgt von: Stille. Eine Woche, zwei Wochen, dann hakte ich via E-Mail nach. Man sagte mir, dass der Zuständige im Urlaub sei. Beim zweiten Nachhaken war mein Ansprechpartner gerade erst aus dem Urlaub zurück-gekommen und noch nicht über den Stand der Dinge im Bilde. Aufgelöst wurde die Situation dann von dem sympa-thischen Herrn, der die ursprüngliche E-Mail geschrieben hatte. Er rief mich an und begann mit einer Entschuldi-gung. Der Verantwortliche könne sich nicht bei mir mel-den, weil er mit anderen Dingen beschäftigt sei. Danach redeten wir über die Schule unserer Kinder, über Waldkin-dergärten, über verschiedenste Dinge. Es kam mir immer komischer vor, je länger das Telefonat dauerte. Und dann, endlich, kam er auf die Flächen gegenüber dem Textilmuse-um zu sprechen. Das Konzept sei wirklich toll, erklärte er, aber die Flächen würden jetzt für einen Besucherraum für das Stadtarchiv gebraucht. Deshalb könne die Stadt uns lei-der nicht berücksichtigen. Er persönlich verstünde es auch nicht, aber er sei ja »nur der Überbringer der Entschei-dung«. Und legte auf.

Es reichte nun. Gegen meinen Willen legte ich die Idee, in das Ballenhaus einzuziehen, ad acta und trug meinen Traum, Textilindustrie wieder dort anzusiedeln, wo sie ih-ren Ursprung hatte, zu Grabe.

Wer nun denkt, die Geschichte ist zu Ende, kennt das Wirt-schaftsreferat in Augsburg nicht: Weitere fünf Wochen später erhielt ich erneut einen Termin im Referat. Bei diesem Treffen teilte man mir mit, das Ballenhaus wäre jetzt doch frei.

Für wie lange?, dachte ich und lehnte ab. Dieses nunmehr fast ein Jahr dauernde Katz-und-Maus-Spiel war ich nicht länger gewillt zu spielen. Als man schließlich noch mein Engagement – und das war das Schlimmste – mit dem des Logistikunternehmens Amazon gleichsetzte, das würde ja auch Leute aus dem Hartz-IV-Sektor beschäftigen, schlug das dem Fass den Boden aus. Für mich war das Wirtschafts-referat danach gestorben! Und so ist es bis heute.

11

CHANCE GEHT, ARBEIT GEHT NICHT

Neben der neuen Bleibe für meine Näherei und den nervenaufreibenden Auseinandersetzungen mit der Stadt beherrschten zahlreiche weitere Baustellen meinen Tag. Die neueste war eine immer größer werdende Retourenquote unserer Sweatshirts und T-Shirts.

»Ich verstehe das nicht«, sagte ich zu Miriam.

»Monatelang ist alles so geschmeidig gelaufen, und auf einmal kommen päckchenweise Klamotten zurück.«

»Mich irritiert mehr«, erklärte Miriam, »dass der Fehler nicht in der Qualität und Ausführung der Nähte liegt, nein, der Fehler liegt immer in der Farbkombination.«

»Wie, Farbkombination?«

»Ganz einfach: Es kommen ständig Shirts zurück, die anders bestellt waren, als sie geliefert wurden.«

»Hast du mit den Nähern …?«, wollte ich fragen, aber Miriam unterbrach mich.

»Mensch, Sina! Was denkst du denn? Natürlich habe ich – und nicht nur einmal – mit den Nähern gesprochen. Sie versicherten, genau die Teile zu verarbeiten, die im Körbchen für den jeweiligen Auftrag liegen.«

Ich war genervt. Als ehemalige Werberin weiß ich, wie schnell es gehen kann, sich einen guten Ruf zu ruinieren. Deshalb suchte ich dringend das Gespräch mit meinen Mitarbeitern. Suley packte bereits seinen Rucksack (im Lauf der Zeit ist er sein Markenzeichen geworden), um sich auf den Heimweg zu begeben, als ich ihn abfing.

»Suley, sag mal, passt ihr denn nicht auf, wenn ihr die Einzelteile für die Aufträge zusammennäht?«, fragte ich mit fester Stimme.

»Doch, Sina. Ich kann mir die falschen Farbkombinationen aber auch nicht erklären. Wir nehmen immer die Teile, die im Kasten mit der jeweiligen Bestellnummer liegen. Ich habe es auch allen anderen gesagt, dass sie gut aufpassen müssen.«

Ich musste nicht nachbohren, Suley nahm seine Arbeit sehr ernst.

So begab ich mich selbst auf die Suche nach dem Fehlerteufel und druckte mir die Liste der Bestellungen aus, die retour kamen.

»189 Retouren, 11 907 Euro«, las ich. Mir wurde schlecht. Das Problem muss sofort behoben werden, wie sollen wir sonst den nächsten Monat überleben, dachte ich. Also nahm ich zwei große Wäschekörbe, stopfte sie voll mit den retournierten Kleidungsstücken und verzog mich in mein Büro. Ich wusste, dass unser Kleidungskonfigurator für meine Ladys und Gentlemen, wie ich meine Näher immer nenne, eine Herausforderung ist. Aber von Anfang an hatten sie es großartig gemeistert und monatelang mit einer Nullfehlerquote selbst die abstrusesten Farbkombinationen zusammengenäht. Manche ähnelten mehr einem TV-Testbild als einem ansehbaren Kleidungsstück. Aber egal. Ich hatte mich immer damit getröstet, dass des Kunden Wunsch sein Himmelreich sei. Solange meine Mitarbeiter kein Problem beim Fertigen haben, warum also nicht? Doch auf einmal sollte das alles nicht mehr gehen? Ich verstand die Welt nicht mehr.

Stundenlang analysierte ich akribisch geordnete Kombinationen und fehlerhaft produzierte Kleider. Ich verglich die Daten mit Bestellungen, bei denen alles gepasst hatte. Irgendwann, kurz vor Mitternacht, ging mir ein Licht auf. Ich rannte zu den Wäschekörben und legte alle zurückgeschickten Kleider auf dem Boden aus. Das brachte die Bestätigung meiner Vermutung. Meine Dame im Zuschnitt, Elsbeth, musste farbenblind sein. Nicht wie verlangt, sondern nach Lust und Laune schnitt sie grün, grau oder rot bestellte Kleiderteile zusammen. Der Rest passte stets.

Am nächsten Morgen fing ich die Zuschneiderin an der Eingangstür ab: »Wir müssen reden. Lass uns einen Kaffee trinken.« Elsbeth hängte ihre grobe Strickjacke an die Garderobe, plazierte ihre Tasche ins darunterliegende Fach und tauschte in Seelenruhe ihre Straßenschuhe gegen Haushaltssandalen mit Korkkeilabsatz. Anschließend kam sie auf mich zu und blieb direkt vor mir stehen. Sie fasste in ihre kurzen, dunkelbraunen Haare, krempelte ihren Pulli über die Ellbogen, strich über ihre fülligen Hüften und stand erwartungsvoll vor mir. Fast schon in Kampfhaltung, als hätte sie eine Ahnung. Einer neunundfünfzigjährigen, vom Leben gebeutelten Frau konnte man nicht viel vormachen. Elsbeth hatte es nicht leicht. Sie brachte drei Kinder auf die Welt, und zum Dank verprügelte ihr Mann sie in regelmäßigen Abständen. Nach vielen Jahren qualvoller Ehe befreite sie sich aus ihrem Käfig und startete, als die Kinder aus dem Gröbsten heraus waren, noch einmal durch. Für sich. Zumindest wollte sie das. Aber niemand wollte sie. Die einzige Konstante war ihr Zuschnittjob in einer kleinen Textilfirma. Ende der neunziger Jahre war damit aber Schluss gewesen

111

und die letzte Sicherheit so zusammengebrochen. Ihren Verbündeten fand sie dann im Alkohol, ihre vermeintlichen Freunde auf der Straße. Ihr hartes Leben spiegelte sich in den nicht minder harten Gesichtszügen.

»Den Kaffee mit Milch?«, fragte ich.

»Ja«, antwortete sie.

»Die rote oder die grüne?«, fragte ich weiter und wünschte mir insgeheim folgende Antwort: »Sina, willst du mich verarschen? Da stehen zwei grüne Verpackungen vor dir.« Sie kam aber nicht.

»Was ist der Unterschied?«, fragte sie stattdessen.

»Keiner«, erklärte ich, goss einen Schluck Milch in ihre Tasse und setze mich zu ihr.

»Du bist farbenblind, kann das sein?«

Elsbeths Gesicht verfinsterte sich. Sie kniff die Augen zusammen, lehnte sich zurück und verschränkte demonstrativ ihre Arme.

»Ja, und? Das hat in den letzten zwanzig Jahren Zuschnitt noch niemand gestört«, erwiderte sie patzig.

Ich versuchte ihr sanft die Situation zu erklären. Dass es früher vielleicht kein Problem gewesen sei, weil es bei ihren vorhergehenden Arbeitsstellen eine andere Art Zuschnitt gegeben hätte. Dass aber bei uns Farben eine große Rolle spielten, weil sie vom Kunden individuell kombiniert würden und es deshalb damit seine Richtigkeit haben müsste. Je länger ich meine Erklärungen ausführte, umso ablehnender wurde sie. Ich wollte sie jedoch nicht verärgern und sagte: »Schau, es macht doch nichts, wenn du die Farben nicht erkennst. Nur muss ich es wissen. So kann ich mir etwas überlegen, damit wir das gemeistert bekommen.«

Meine Überlegungen beeindruckten sie null. Im Gegenteil. Sie drehte sich zur Seite und warf den Kopf beleidigt in den Nacken.

»Lass es uns so machen«, fuhr ich fort. »Ich markiere die Stoffrollen mit einem Viereck für grün, einem Kreis für rot und einem Kreuz für grau. Dann hast du überhaupt kein Problem mehr beim Zuschnitt. Was meinst du?« Über meinen kreativen Vorschlag war ich richtiggehend begeistert. Leider nur ich.

»Sag mal, meinst du, ich bin behindert? Oder sind wir hier im Kindergarten?«, schrie Elsbeth mich an.

Völlig verdutzt sah ich sie an und wollte einhaken, aber ich kam nicht dazu. Sie holte kurz Luft, und es prasselte eine Schimpfarie auf mich ein, wie ich es selten erlebt hatte. Dann erhob sie sich, ging in die Näherei, packte ihre Sachen und verließ die Manufaktur. Für immer.

»Was war denn das eben für ein Geschrei?« Miriam steckte ihren Kopf zur Tür herein und sah mich fragend an. Ich erzählte ihr das gerade Erlebte.

Sie bemerkte, dass ich, wie immer in Situationen, in denen mir Menschen leidtun, geknickt war. Sie drückte mich und sagte: »Sina, sei froh, dass du sie los bist. So geht man nicht mit Menschen um, und schon gar nicht mit seiner Chefin.«

»Aber du musst auch sie verstehen«, versuchte ich meine ehemalige Zuschneiderin zu verteidigen.

»Ja, ich verstehe sie. Sie mag frustriert sein, sie mag keine Kinderstube haben. Aber so läuft das hier nicht. Erinnere dich an die junge Frau aus Kassel, die Schnittmacherin, oder die Schneidergesellin. Die hat hier auch nur Scheiße gebaut und sich jeden Tag gegenüber den Nähern und dir komplett danebenbenommen. Was war am Ende? Suley wollte fast kündigen. Tröste dich damit, dass deine Zuschnittdame ebenso wenig in dein Team passt wie die anderen Zicken.«

Wie so oft hatte Miriam recht. Nur weil manomama ein soziales Unternehmen ist, arbeiten bei mir nicht die besseren Menschen. Viele Menschen sind bei uns tätig, weil sie über die Jahre der Arbeitslosigkeit und fehlenden Wertschätzung durch die Gesellschaft entsozialisiert, manche sogar richtig asozial wurden. Gemeinschaftlicher Zusammenhalt wich irgendwann purem Egoismus. Die Ellbogenmentalität, die man oftmals in großen Firmen anprangert, gab und gibt es auch in einem sozialen Unternehmen wie meinem. Der einzige Unterschied: die Beweggründe. Ein Manager auf unterster Ebene agiert zum Beispiel nach dem typischen Radfahrer-Prinzip: »Nach unten treten, nach oben buckeln.« Grund dafür ist das Erklimmen der Karriereleiter. Bei uns hingegen kann man nicht nach unten treten und nach oben buckeln, weil wir keine Hierarchie in unserem Unternehmen haben. Dennoch raffen manche Ladys Material für sich zusammen, schieben anderen Mitarbeitern Fehler unter und verhalten sich äußerst unkollegial. Grund hierfür ist aber nicht die Karriereleiter, es ist die pure Überlebenstaktik. Einmal sagte mir eine Lady: »Wenn du in zehn Jahren Arbeitslosigkeit komplett auf dich gestellt bist, ist dir ziemlich egal, was der Rest macht. Das legst du auch nicht sofort ab, wenn du eine neue Arbeit hast.« Mit viel Hingabe, Geduld und Wertschätzung gelingt es aber, diese ehemaligen Einzelkämpfer wieder zu echten Teamplayern zu machen. Nicht jeden, aber viele. Und das ist es, was mich antreibt.

Es brannte mal wieder, woher bekam ich nun auf die Schnelle zwei Zuschnitthände her?
»Magst du es nicht mit ihr versuchen?«, fragte mich Bobo, ein kleiner, untersetzter Mann, der ohne extravagante Kopfbedeckung niemals auf die Straße ging. Ein engagierter Sozialarbeiter mit vielen Qualitäten. Würde man meinen Magen befragen, wäre die herausragendste wohl sein

selbstgebackener Apfelkuchen. Immer, wenn er mich besuchte, brachte er »etwas Feines zum Kaffee« mit. So auch jetzt. Kennengelernt hatte ich Bobo unspektakulär: Er rief an, als er einen Bericht in der Zeitung über uns gelesen hatte und meine Firma als richtigen Rahmen für seine Schützlinge erachtete.

»Ich weiß nicht«, antwortete ich ihm. Bobo hatte mich gebeten, einen seiner Schützlinge »ganz langsam« wieder in das Berufsleben einzuführen. Die Frau, um die es ging, war keine dreißig und bereits nach wenigen Berufsjahren mit Burn-out aus dem Arbeitsleben ausgeschieden. Fatma, so hieß die junge Türkin, war von ihren Eltern in einen Beruf gezwungen worden, der weder ihren Fähigkeiten noch ihren Vorstellungen entsprach. Sie arbeitete in einem Familienbetrieb, bis ihr Körper rebellierte und ihr Geist einknickte.

Ich ließ mich breitschlagen – und bereits in der darauffolgenden Woche begann Fatma bei uns ihr Wiedereingliederungspraktikum. So nennt man den Versuch, Menschen, die aus welchen Gründen auch immer aus dem Arbeitsleben schieden, erneut langsam aufzunehmen. Ich bot ihr an, die Stunden bei uns zu verbringen, die sie nach ihrer eigenen Einschätzung schaffen könne, auch die Aufgaben, die sie übernehmen wolle, könne sie frei wählen.

Der Zufall meinte es gut, denn Fatma konzentrierte sich vom ersten Tag an auf das Zuschneiden. Es ging besser und besser. Nach einem Monat verbrachte sie den ganzen Tag bei uns und schnitt konzentriert und fachlich einwandfrei die einzelnen Teile zu. Auch konnte man nach diesen vier Wochen erkennen, dass aus der anfangs sehr schüchternen Frau, die keinerlei Selbstvertrauen mitbrachte, ihre eigentliche Persönlichkeit wieder zutage trat: eine aufgeweckte, blitzgescheite Person mit Humor.

»Es ist eine Freude, ihr zuzusehen«, informierte ich Bobo über die Veränderung von Fatma. Er stimmte mir zu, denn auch er konnte die Verbesserung in seinen Gesprächen mit ihr wahrnehmen.

»Ich bin mir sicher, dass sie eine Ausbildung zur Modeschneiderin mit Bravour meistern würde«, erzählte ich weiter. »Wenn du magst, können wir die Verträge für sie machen und sie wieder richtig ins Arbeitsleben aufnehmen. Das wird schon!«

Bobo riet mir, nicht vorschnell zu handeln, sondern noch etwas Zeit vergehen zu lassen. Das sei seiner Erfahrung nach sinnvoll. Ich jedoch war in meiner Euphorie gefangen und hochmotiviert, der jungen Frau wieder einen Platz in der Arbeitswelt zu verschaffen. Besser gesagt: ihr Raum zu geben, in dem sie sich selbst ihren Platz schaffen konnte. So leitete ich alles für eine dem Praktikum angeschlossene Ausbildung in die Wege. Und cancelte alles. Vier Tage später.

Wie schon öfter kam Fatma mit Schnittteilen in der Hand zu mir in mein Büro. Es lag im ersten Stock des alten Franzosenhofs und sah mittlerweile aus wie das Arbeitszimmer eines modemachenden Werbers. Alt und Neu vermischten sich. Wenn Fatma den Weg zu mir suchte, hatte sie meist eine kurze Rückfrage. Diesmal aber stellte sie sich mitten in mein Büro, schmiss die Kartonschablonen voller Wucht auf den Boden und rastete komplett aus.

Ich sei ein Arschloch, schimpfte sie, der asozialste Vollidiot, den die Welt gesehen hätte. Und überhaupt wäre das gesamte Projekt hier »voll scheiße«. Die Aneinanderreihung wüster Beleidigungen ging weit über eine Viertelstunde, in der ich verzweifelt versuchte, sie durch Zureden zu beruhigen. Leider gelang es mir nicht. Als sie nichts mehr zu sagen hatte, verließ sie mein Büro. Und kam wie Elsbeth nie wieder. Obwohl ich ihr die Tür aufließ.

»Sie kann jederzeit wieder zu uns zurückkommen«, versicherte ich Bobo in dem auf den Ausraster folgenden Gespräch.

»Sina, das ist lieb. Aber das hat erst einmal überhaupt keinen Sinn. Fatma hat ihre Medikamente abgesetzt, weil es ihr bei euch augenscheinlich gutging. Das war aber nicht gut für sie«, erklärte er.

»Sie hat was?«, fragte ich, durchaus sauer.

»Wusstest du nicht, dass sie Psychopharmaka nimmt, um überhaupt durch den Tag zu kommen?«

Nein, das wusste ich nicht. Und in diesem Moment wurden mir die Grenzen meines Engagements klar. Zu Bobo sagte ich: »Ich kann Menschen, die lange arbeitslos waren und deshalb vielleicht öfter traurig sind, wieder beruflich eingliedern. Ich kann Menschen, die ein körperliches Handicap haben, wieder Arbeit geben. Aber eines kann ich nicht: professionellen Therapeutenersatz für psychisch Kranke leisten.«

Work-Life-Burn-out

Work-Life-Balance? Von wegen: Work-Life-Burn-out ist heutzutage die Regel. Wird von vielen dieses Krankheitsbild nach wie vor als Schwäche oder Faulheit abgetan, hat mich die Erfahrung durch die Arbeit mit Menschen, denen ein Burn-out bis hin zur psychosomatischen Störung einen Strich durch die Karriererechnung machte, gelehrt, dass es nicht schwierig ist, die »Schuldigen« dafür zu finden. Es gibt davon drei.

Der immense Leistungsdruck im Beruf ist einer der drei Schuldigen. Unternehmen pressen, wie gesagt, ihre Arbeitnehmer aus, bis sie nicht mehr können. Dank Controlling und Consulting werden die Stellschrauben bei der Arbeitsdichte Stück für Stück nach oben gedreht. Am Material ist nicht mehr zu sparen, die Prozesse sind bis auf das kleinste Detail optimiert. Die Belegschaft zu reduzieren funktioniert auch nicht mehr, schließlich muss irgendjemand die Arbeit erledigen. Also gehen wir in der heutigen Zeit an die Arbeitsdichte. 140 Prozent Arbeitsleistung sind das Ziel, bei 100 Prozent Bezahlung. Ein gutes Geschäft für die Firma. Ein schlechtes hingegen für die Gesellschaft. Sackt nämlich der Arbeitnehmer irgendwann völlig entkräftet zusammen, scheidet er mit einem vom Arzt diagnostizierten Burn-out aus. Der Arbeitgeber ist seinen ehemaligen, aber nun nutzlosen Goldesel los.

Ein weiterer Schuldiger ist die fehlende Wertschätzung zahlreicher Berufe. Wie viele Menschen würden gerne ihre Arbeit gut verrichten, können es sich aber schlicht nicht leisten? Eine gute Arbeit ist eine Tätigkeit, die Spaß bereitet und nützt. Beiden Seiten: sowohl demjenigen, der sie ausführt, als auch demjenigen, der sie in Anspruch nimmt. Doch immer weniger Arbeiten werden wertgeschätzt, immer mehr Tätigkeiten werden gleichsam zum Discountpreis vertragsrechtlich besiegelt. Doch wer möchte für 600 Euro brutto Blumen binden, obwohl es für manche ein Traumjob wäre? Wer kann es sich leisten, für 700 Euro brutto anderen Menschen die Haare zu schneiden, obwohl Talent und Lust vorhanden wären? Mehr und mehr Menschen können ihrem Traumjob aus blanker Existenzangst nicht mehr nachgehen. So wird bereits bei der Berufswahl die falsche Frage gestellt. Eigentlich sollte sie heißen: Welche Tätigkeit entspricht meinen Fähigkeiten, macht mir Freude, bei welcher kann ich mir vorstellen, sie die nächsten vierzig Jahre auszuüben? Heute aber lautet die Frage:

»Welcher Job schafft mir zumindest so viel Einkommen, damit ich gut auskomme?« Die reine Orientierung an der Bezahlung der Arbeit bringt mit sich, dass zahlreiche Menschen sich für Tätigkeiten entscheiden, die ihnen weder Freude bereiten noch ihren Fähigkeiten entsprechen. Geld alleine ist kein guter Motivator auf Dauer. Und so kommt der Tag, an dem die Bezahlung im Vergleich zum Leidensdruck nicht einmal mehr als Schmerzensgeld durchgeht. Die Folge: die Verabschiedung aus dem Arbeitsleben mit einem Burn-out.

Der letzte Schuldige ist am schwierigsten zu benennen. Die einen würden behaupten, es wäre die Zeit, die anderen könnten es auf unsere Gesellschaft schieben. Wiederum andere würden behaupten, es läge alles nur an den Medien. In den letzten drei Jahren, in denen ich nun manomama gestalte, habe ich insgesamt sieben Jugendliche und junge Erwachsene miterleben dürfen, die bereits einen Burn-out pflegen, obgleich sie noch nie im Arbeitsleben standen. Es sind Menschen, die ich der »Generation Casting« zuschreibe. Junge Menschen, die zum einen aufgrund der immensen Freiheit in Bezug auf ihre Berufswahl völlig überfordert zu keiner Entscheidung gelangen. Zum anderen aber auch »Ideen« aufsitzen, die schlicht unrealistisch sind. Es gibt einen schönen Spruch: »Mit einer Warze auf der Nase kannst du nicht Claudia Schiffer werden.« Und er trifft es. Sowohl in der Werbeagentur wie auch jetzt in meiner Näherei hatte ich junge Menschen, die sich eingebildet hatten, einen Beruf ergreifen zu müssen, der »schick« ist. Superstar quasi. In meinen Branchen waren und sind es Designer. Designer für Websites, Designer für Kleider. Das Handwerk kann man lernen. Die für den Beruf jedoch notwendigen Fähigkeiten, das Talent dazu, muss einem Mutter Natur zumindest in Grundzügen in die

Wiege gelegt haben. In allen Fällen war dies nicht der Fall. Aber statt sich dann für eine Tätigkeit zu entscheiden, die den Talenten des Einzelnen entspricht, haben sich alle sieben einem enormen eigenen Leistungsdruck ausgesetzt – und sind gescheitert.

Für dieses Buch habe ich mir die Mühe gemacht, alle sieben Jugendlichen, mittlerweile sind sie alle in den Zwanzigern, erneut zu kontaktieren und sie zu fragen, was aus ihnen geworden ist. Es mag niemanden verwundern: Drei fristen ihr Dasein in Integrationsmaßnahmen mit psychotherapeutischer Begleitung, weitere drei machen nichts, leben auf Staatskosten und warten auf ihre große Chance. Nur ein Einziger, ein junger Mann, hat sein wahres Talent erkannt und geht mittlerweile einer Ausbildung nach: als Fachinformatiker. »Da designe ich Softwaresysteme. Macht eigentlich viel mehr Spaß«, verriet er mir am Telefon. Er klang auch zufrieden.

Ein Burn-out ist also keine Modeerscheinung, sondern Resultat unserer Arbeitswelt und Gesellschaft. Diese Erkenntnis darf uns nicht beunruhigen, wenn wir dadurch das Stellwerk für eine Veränderung gefunden haben. Wir benötigen Mindestlöhne als flächendeckende, branchenunabhängige Grundwertschätzung, um so Menschen die Möglichkeit zu schaffen, eine Tätigkeit nach ihren Fähigkeiten auszuüben, ohne Existenzängste haben zu müssen. Wir müssen die Arbeitsdichte wieder heruntersetzen, um somit wieder mehr Arbeitsplätze zu schaffen. Wir müssen in eine praxisbezogene Berufsbildung in Schulen investieren, um Jugendlichen aufzuzeigen, wo ihre wahren Talente liegen. Ebenso müssen Eltern Erziehung wieder ernst nehmen und dabei unseren Kindern vermitteln, dass Deutschlands Superstar zu sein, die Stimme Deutschlands zu haben oder Heidis nächstes Topmodel zu werden keine Berufe sind.

Eines ist sicher: Es wird unsere Gesellschaft, jeden Einzelnen von uns, viel Zeit, ein großes Maß an Anstrengung und letzten Endes auch Geld kosten, diesen Umbruch einzuleiten und durchzuführen. Sicher ist aber auch: Ein Umbruch wird monetär günstiger und gesellschaftlich längerfristig von Erfolg gekrönt sein, als Burn-out-Patienten wieder zu rehabilitieren. Elsbeth hatte es genau vier Wochen geschafft. Seit zwei Jahren ist sie wieder draußen, ohne Aussicht auf »Besserung«. Aus der Arbeit. Aus unserer Gesellschaft.

Bobo sagte zum Schluss unseres Gesprächs noch etwas sehr Wichtiges: »Sina, das ist richtig, dass du als Unternehmerin keine professionelle psychische Hilfe leisten kannst. Das aber, was du und dein Team machen, ist mehr, als wir Fachleute jemals erwarten können. Bitte, lass dich nicht von solchen Rückschlägen entmutigen, es wird sie immer wieder geben.«

12

BERLIN, WIR KOMMEN!

Die Suche nach geeigneten Räumlichkeiten gestaltete sich immer schwieriger. Nun kann man sich denken, dass es doch nicht so schwer sein kann, eine Halle zu finden. Ist es aber. Deutschland ist mittlerweile ein Land der Forscher und Händler, jedoch immer weniger ein Land des handwerklich produzierenden Gewerbes. Es gibt zahlreiche Bürokomplexe, die leer stehen. Ebenso viele Logistikhallen, die kalt und dunkel sind. Diese aber sind für eine Näherei nicht geeignet. Dort nämlich brauchen wir Helligkeit und Wärme. Schließlich sitzen zahlreiche Menschen in einem Raum, die arbeiten sollen.

Wieder und wieder bin ich alle gewerblichen Angebote durchgegangen – und entdeckte nichts Passendes. Es drängte sich mir der Verdacht auf, es sei wohl ein sinnloses Unterfangen, daran zu glauben, eine geeignete Immobilie zu finden. Natürlich am liebsten mitten in der ehemaligen Textilstadt Augsburg. Dass die verfahrene Situation, das erfolglose Katz-und-Maus-Spiel in Sachen Ballenhaus mit der Stadt, die zahlreichen Besichtigungen von dreihundert Quadratmeter großen Bruchbuden, die als »innovativer

Standort für Ihr Business« ausgeschrieben waren, am Ende auch noch Sinn haben sollte, wurde mir erst viele Wochen später klar.

»Sina Trinkwalder?«, rückversicherte sich die angenehme Stimme am anderen Ende der Leitung.
»Ja«, bestätigte ich, neugierig darauf, wer sich hinter der Stimme verbarg.
»Wir kennen uns. Mein Name ist Eike Meyer vom Nachhaltigkeitsrat.«
Der Hinweis reichte, um wieder ein Bild dieses Herrn in meine Vorstellungswelt zu zaubern. Eike Meyer war Mitarbeiter beim Rat für Nachhaltigkeit der Bundesregierung und hatte mich vor einigen Monaten beim Nachhaltigkeitstag in Berlin betreut. Als herausragendes Projekt im Sinne der Nachhaltigkeit durften wir die Veranstaltung mit einer Modenschau bereichern. So packte ich meine Familie ein, Stefan und den Filius, und eine Handvoll meiner Mitarbeiter.
Bis spät in den Abend hinein nähten wir die letzten Kollektionsteile. Am nächsten Morgen ging es in der ersten Klasse nach Berlin, das erste Highlight dieser Reise. In den dunkelblauen Ledersitzen in die Hauptstadt zu fahren war für Suley, Gertrud und die anderen ein Novum. Sie genossen es. Als wir in Berlin am Hauptbahnhof ankamen, trat eine dieser Situationen ein, die mich immer wieder erden. Während ich achtlos nach draußen lief und zusah, dass alle Mann beisammenblieben, hielt Gertrud beim Anblick der Reichstagskuppel inne. Fast schon ehrfürchtig sah sie sich um. Für mich war die Berliner Skyline nichts Besonderes, bis Gertrud sagte: »Das kenne ich aus der Tagesschau!« In diesem Moment war mir wieder bewusst, wie viel ich in meinen jungen Jahren bereits für

gewöhnlich nahm, was für andere ein herausragendes Erlebnis ist.

Mit einem Großraumtaxi fuhren wir ins Hotel und anschließend zur Veranstaltung. Weil wir noch vier Stunden Zeit hatten bis zu unserer Modenschau und weil mir dank Gertruds Staunen die Augen geöffnet worden waren, tourten nun einige meiner Mitarbeiter mit einem Open-Air-Stadtrundfahrtbus durch Berlin. Filius verbrachte mit Stefan die Zeit im Pergamon-Museum, während Miriam mit einer Assistentin die prominenten Shoppinghäuser unsicher machte. Ich hingegen hielt die Stellung bei der Veranstaltung. Pünktlich zu den Vorbereitungen der Modenschau kehrten alle ausnahmslos begeistert ins Veranstaltungszentrum zurück.

Schnurstracks gingen wir in unsere Garderobe, und jeder zog sein Outfit an, das er vorführen wollte. Fertig eingekleidet versammelten wir uns hinter der Bühne. Was war ich gerührt. Vor mir standen stolze Menschen in schicken Kleidern. Wahnsinn, dachte ich mir, es ist gerade einmal ein Jahr seit der Grundsteinlegung vergangen, und so weit sind wir schon gekommen. Gertrud, gekleidet in ein taubengraues Jerseykleid mit passender Handtasche, zog das pinkfarbene T-Shirt und den sportiven Rock ihrer Kollegin Susie zurecht. Suley, der in Jeans und Shirt kam, half Stefan in den beigefarbenen Anzug. Filius strich stolz über seinen Pulli und überprüfte seine Hose auf Belastbarkeit, indem er auf Knien im Kreis turnte.

Dann war es so weit. Yvonne, unsere Betreuerin während dieser Veranstaltung, gab uns das Zeichen. Ich sah zu meinen Leuten, spuckte ihnen symbolisch über die Schulter und flüsterte: »Toi, toi, toi!« Alle lächelten und nickten. Filius bekam einen extra Mutmacher-Drücker von mir. Schließlich hatte er die wohl schwerste Aufgabe (die er sich selbst ausgesucht hatte!): Als Erster auf die Bühne zu gehen und vor 1400 geladenen Gästen seine Kleidung zu präsentieren. Mit sechs Jahren.

»Soll Papa mit dir gehen?«, fragte ich meinen Spross zur Sicherheit.

»Mama!«, antwortete Filius. »Da muss ich jetzt schon ganz alleine durch.«

Und das tat er dann auch. Mit Bravour und unter tosendem Applaus schritt er den Catwalk entlang, während die Moderatorin und ich am Rand der Bühne seine Kleidung kommentierten. Nach Filius erschien in kurzen Abständen und zu modernem Beat die gesamte manomama-Crew. Das Publikum war begeistert – und ich war es ebenso.

Zurück in der Garderobe wurden schnell die Kleider gewechselt, danach feierten wir alle ausgelassen in einem spanischen Restaurant. Meine Mitarbeiter so zufrieden zu sehen machte dieses Event zu einer besonderen Erfahrung.

Es war aber auch in anderer Hinsicht eine sehr interessante Veranstaltung für mich gewesen, denn sie veränderte mein bisheriges Bild des Nachhaltigkeitsrats. Entgegen meiner medial geprägten Meinung war er kein Feigenblatt der Regierung. Günther Bachmann, der Geschäftsführer, erklärte damals: »Wir brauchen Leuchttürme wie Ihr Projekt. Sie müssen uns als Rat und den großen Unternehmen den Weg zeigen, wie es im Kleinen geht. Uns antreiben zum Nachziehen!« Das leuchtete mir ein. Mir als Leuchtturmwart.

»Was verschafft mir die Ehre?«, eröffnete ich salopp das Telefongespräch mit Eike Meyer.

»Also …«, begann der Anrufer seine Ausführungen, machte dann aber eine lange Pause.

Entweder kommt es jetzt knüppeldicke, oder er will es spannend machen, dachte ich.

Eike räusperte sich nun, setzte erneut an, wobei er sich an unser Du erinnerte. »Du kennst doch den Deutschen Nachhaltigkeitspreis?«, fragte er.

Es war eine rhetorische Frage. Eike Meyer wusste, dass ich ihn kenne. Ebenso wusste er, dass ich ihm sehr kritisch gegenüberstand und nach wie vor stehe. Der Deutsche Nachhaltigkeitspreis war von Anfang an – es gibt ihn seit 2007 – eine privatwirtschaftliche Veranstaltung in einem feierlichen Rahmen unter der Schirmherrschaft der Bundeskanzlerin. Weniger, weil jene das Thema Nachhaltigkeit ernsthaft verfolgen wollte, als vielmehr, um ihre Verbundenheit und Nähe zur Wirtschaft zu unterstreichen. Meist wurden in den vergangenen Jahren Konzerne für ihre Nachhaltigkeitsbemühungen ausgezeichnet, die jemandem wie mir (und vielen anderen übrigens auch), der es ernst mit der Veränderung meint, Tränen in die Augen trieben. Anders kann man Preisträger wie Unilever nicht erklären. Dennoch finden sich immer wieder einige Juwelen unter den Preisträgern. Wie die GLS Gemeinschaftsbank zum Beispiel. Oder der Drogeriemarkt dm.

»Ja klar, kenne ich. Aber warum fragst du mich das? Als Nachhaltigkeitsratsmitarbeiter? Ihr habt doch damit überhaupt nichts am Hut«, antwortete ich etwas reserviert.

»Das ist richtig. Aber wir haben vom Rat auch eine jährliche Auszeichnung. Den Social Entrepreneur der Nachhaltigkeit. Er wird in diesem Rahmen von uns verliehen.«

»Ah, jetzt verstehe ich.«

»Ich habe dich angerufen, weil der Rat dir gerne diese Auszeichnung verleihen würde, gesetzt den Fall, du nimmst sie an.«

»Was?« Ich weiß nicht mehr, ob ich eher erschrocken oder völlig überrascht klang. Ich war nämlich beides. Ich kannte die Auszeichnung und auch die beiden bisherigen Träger. Allesamt Menschen, die wirklich großartige Ideen nach vorne brachten. 2009 war es Christian Hiß gewesen, Gründer des Agrar-Netzwerkes Regionalwert-AG. Er hatte Menschen die Möglichkeit gegeben, sich an der Finanzierung regionaler Landwirtschaft zu beteiligen. Im Jahr darauf war der Preisträger Falk Zientz von der GLS Bank. Auch bei ihm ging es um Geld und Finanzen, genauer: um Mikrokredite und Mikrofinanzen.

»Und ich soll diese honorige Reihe weiterführen?«, fragte ich.

»Ja, das sollst du. Weil der Rat die Meinung teilt, dass du außerordentliches Unternehmertum in Bezug auf Nachhaltigkeit lebst: ökologisch, ökonomisch und sozial.«

Ehrlich erfreut über die Anfrage, sagte ich zu. Ich fand es eine mutige Entscheidung, eine kleine »freie Radikale« wie mich auf diese Weise auszuzeichnen.

Die Preisverleihung sollte am 4. November 2011 in Düsseldorf stattfinden. Eike informierte mich über den genauen Ablauf. Ich entschied, dass ich den feierlichen Rahmen auch dazu nutzen wollte, zum Denken anzuregen. Gerade weil die eigentliche Veranstaltung, der Nachhaltigkeitspreis, dringend einen Bewusstseinsruck in die richtige Richtung benötigte.

Lange feilte ich an meinen Überlegungen im Kopf, bis mir kurzerhand meine zunächst auf einige Minuten geplante Redezeit gestrichen wurde. In solchen Fällen bin ich über meinen naturgegebenen Optimismus sehr froh. Wenn Plan A nicht funktioniert, muss Plan B her. Beruhigenderweise verfügt das Alphabet über vierundzwanzig Buchstaben. Sie waren aber nicht nötig.

»Wenn ich es nicht sagen darf, dann schreibe ich es auf«, entschied ich.

Gesagt, getan. Bei Eike Wenzel, einem Freund und Trendforscher rund um Nachhaltigkeit, holte ich mir Schützenhilfe. Wir beide verfassten dann unser »Manifest gegen Nachhaltigkeit«. Anschließend rief ich Peter Unfried an, den Chefreporter der *taz*, und erzählte ihm mein Dilemma und mein daraus resultierendes Anliegen.

Das Ergebnis konnte sich sehen lassen: Am Tag der Preisverleihung wurde tagsüber bereits der Nachhaltigkeitskongress veranstaltet. Als Rahmenprogramm hierzu gab es einen großen Raum voller Messestände. Weil man uns von manomama dabeihaben wollte, durften wir den kleinsten Stand von allen beziehen. Dafür war er aber von der ersten Minute an am stärksten frequentiert. Nicht, weil unsere drei Kleiderteile und zwei Taschen so interessant waren. Vielmehr kamen die Kongressbesucher und stahlen sich klammheimlich eine von den tausend *taz*-Zeitungen, die pünktlich um sieben Uhr morgens angeliefert worden waren. Darin fanden sie, und das wurde bereits auf der ersten Seite angekündigt, meine Preisrede. Vorab abgedruckt. Eine komplette Seite. Unser »Manifest gegen Nachhaltigkeit«. Am Vormittag erschien sogar Hans-Peter Repnik, der Ratsvorsitzende, an unserem Stand. Er nahm sich auch ein Zeitungsexemplar, blätterte zur Preisrede vor und war schließlich mit dem Lesen von ihr beschäftigt. Unterbrochen wurde er von einem Journalisten, der ihn, den Skandal schon witternd, insistierend fragte: »Und, was sagen Sie zu so einer Aktion?«

»Sehr gut«, antwortete Hans-Peter Repnik im Brustton der Überzeugung. Er schlug mit der rechten Hand anerkennend auf die *taz*-Seite und fuhr fort: »Genau so ist es. Das ist nur zu unterstreichen.«

Manifest gegen Nachhaltigkeit

Nie war es so einfach, ein besserer Mensch zu sein: Wir trinken für den guten Zweck, wir essen Brot für die Dritte Welt, veranlassen die eigene Krötenwanderung zur nächstgelegenen Sozialbank. Wir sind fair, leben Bio, fahren Öko. Doch das neue Bewusstsein ist nur eine Fassade, hinter der die alte schmutzige Konsumwirtschaft quicklebendig ist.

Die Industrie hat vor allem eines erkannt: das Potenzial der Menschen, die die Sehnsucht nach einer besseren Welt in sich tragen. Und diese Sehnsucht ist einfach bedient. Bringt uns »saubere« Produkte. Nicht aber: produziert in einem ökologischen Kreislauf. Wichtig ist für den Verbraucher, was hinten herauskommt.

Berufsbetroffene ersetzen Geist durch Moral. Der einst als alternativ konzipierte Lebensstil der Lohas (Life of Health and Sustainability) ist zur oberflächlichen, hippen Modeerscheinung avanciert. Es gibt ein ganzes Heer von Beratern und Unternehmern, das – als moralische Avantgarde und neoökologischer Jetset – den ethisch-ökologisch korrekten Lebenswandel konsumierbar macht.

Jene Berater und Unternehmer haben keine Inhalte und keine Themen, die über das Bedienen einer diffusen Sehnsucht hinausgehen. Konzeptionelles Nirwana. Ein bisschen Askese hier, ein bisschen Hedonismus da, ein bisschen links-alternativ, ein bisschen werteverbunden. Die selbst ernannten grünen Vorreiter sind nichts weiter als Zeitgeist-Opportunisten, die auf subtile Weise das postindustrielle Produkt Gesinnung verkaufen.

Weder sie noch ihre Kunden glauben noch an Ideologien, wie es die Achtundsechziger taten, aber dieser Relativismus speist sich aus der fast kompletten Negierung von

Komplexität: Tut dieses, kauft jenes, und die Welt wird ein Stückchen besser.

Doch für die Energie- und Ökowende wird es nicht reichen, zu fordern, dass die Windräder endlich die Atomkraftwerke ablösen. Die Energiewende ist viel komplizierter, und wir können sie nicht als frivolen Wechsel von Böse nach Gut bewältigen. Wer sich ernsthaft in diese Auseinandersetzung begibt, merkt schnell, dass man dabei seinen Heiligenschein verliert.

Denn die grüne Wende findet langsam statt – ohne die Dauerempörten und Karma-Consulter. Weltunternehmen wie Siemens oder General Electric investieren gerade »grüne« Milliarden. Sie schaffen damit zumindest ein wenig grünen Technologiefortschritt, den wir so dringend brauchen.

Das reicht aber nicht. Denn was bringt uns eine ökologische Innovation, wenn sie auf Kosten der Menschen geht, die sie produzieren? Nichts. Im Gegenteil. Gerade in den heutigen Produktionsländern vieler Konzerne ist ökologische Neuerung kinderleicht – denn niemand kontrolliert, wie bio ein Produkt tatsächlich ist, welche Folgen es vor Ort hat.

Das eigentliche Problem ist der Verzicht in Form von Rationalitätsaskese. Der Verzicht, sich ernsthaft mit den Problemen der heutigen Zeit auseinanderzusetzen und echte Ideen für eine tragfähige Zukunft zu entwickeln. Der Konsument gibt sich kritisch und weiß um seine »Macht«. Das macht jedoch nichts, weiß wiederum die Industrie. Zu leichtgläubig nämlich agiert der Kunde in seiner wahllosen Öko-Sehnsucht. Sie ermöglicht eine Oberflächlichkeit, die der Wirtschaft ihr Geschäft ungemein erleichtert: Ein Unternehmen muss nicht das Richtige tun, es muss nur richtig aussehen.

Der wegen des Klimawandels sensibilisierte Konsument belohnt ausgeklügelte Scheinlösungen, angepriesen als ökologische Innovation. Dieser gefährliche Stillstand der Weltverbessererwirtschaft verhindert eine kritische und visionäre Auseinandersetzung mit einer zukunftsoffenen und sinnvollen Wertschöpfung. Genau diese aber ist notwendig.
Was also brauchen wir wirklich?

Vom Wohlstand zur Lebensqualität
Wir brauchen nicht mehr Lebensqualität, aber eine bessere. Wir benötigen nicht mehr Wirtschaft, aber eine respektvollere. Die Zivilisationskrankheit Burn-out ist das Resultat des schnellen 21. Jahrhunderts … Dem Qualitätsgedanken gegenüber dem Produkt wird Rechnung getragen, gegenüber dem Mitarbeiter wird rücksichtsloser Raubbau betrieben. Wir brauchen Mut, um eine Entschleunigung anzustoßen.

Von der Kette in den Kreislauf
Nachhaltigkeit ist kein erlösendes Geschäftsmodell, keine neue Wertschöpfungsrevolution. Es gibt eine offensichtliche Strategie für die Ökonomie der Zukunft: Wertschöpfungsketten müssen zu verlustfreien Kreisläufen werden. Alter Wein in recycelten Schläuchen wird nicht ausreichen. So bringt es nur wenig, einer uralten Synthetikfaser den Schein der »biologischen Abbaubarkeit« zu geben, wenn das nur unter Laborbedingungen funktioniert und mit der Realität wenig zu tun hat. Aus diesem Kreislauf des mauscheligen Greenwashing müssen wir ausbrechen in nachvollziehbare Wertschöpfungskreisläufe, die wirklich funktionieren.

Act local, respect global

Wir müssen endlich konsequent den regionalen Aspekt der Rohstoffproduktion beachten. Der Nahrungsmittelkonzern Nestlé verbraucht jährlich 320 000 Tonnen Palmöl und nimmt die damit einhergehenden Regenwaldrodungen in Kauf. Schließlich wäre eine Substitution durch heimische Öle und Fette oder aber zumindest zertifiziertes Palmöl, wie sie bereits einige Hersteller vollzogen haben, schlecht für den Gewinn. Der Kunde hat kaum eine Chance, aktiv dagegen Maßnahmen zu ergreifen, denn »Pflanzliche Öle und Fette« auf dem Etikett klingt zwar gut, bedeutet in der Praxis aber eben doch meist Palmöl.

Rücksicht für Fortschritt

Wir brauchen einen ehrlichen öko-effizienten Aufbruch. Engagement der Unternehmen auf der einen Seite, aber auch Kompromisse beim Bürger. Regenerative Energien erfordern eine neue Infrastruktur der Stromnetze. Der ureigene Egoismus von direkt Betroffenen jedoch, die für einen unverbauten Blick bis zum Bundesverwaltungsgericht ziehen, behindert die notwendigen Maßnahmen. Doch mit dem Atomkraftausstieg sind die Würfel des regenerativen Zeitalters gefallen. Wer A sagt, muss auch B sagen.

Eine neue Zeit – in der Stadt und auf dem Land

Wir müssen uns von dem Mythos der krank machenden Großstadt verabschieden. Das Vernetzungspotenzial der Mega-Citys (Information, Energie, Strom, Wasser) kann so kanalisiert werden, dass die Großstädte zum Herzen des ökologischen Aufbruchs werden. Gleichzeitig gilt es, kleinstädtische Strukturen zurück- beziehungsweise neu zu entwickeln, um auch in diesem Lebensraum Unabhängigkeit von Öl und Auto zu schaffen.

Mit Herzblut statt halbherzig

Wir brauchen keine Konzerne, die Nachhaltigkeit als Verkaufsvorteil proklamieren, denn sie verkaufen damit nur eines: unsere Zukunft. Mittlerweile macht jeder deutsche Autobauer in »eco« und »green«. Sieht man genauer hin, erfährt man, dass die Autoindustrie sich bislang nur halbherzig auf das Abenteuer postfossile Autowelt eingelassen hat. Das Zögern basiert auf dem wichtigsten Kriterium für Unternehmenserfolg: den Verkaufszahlen. Solange diese stimmen, wird nicht gerüttelt. Währenddessen machen Batteriebauer aus China und Japan den Markt. Was wir aber brauchen, sind Visionäre mit Herzblut, die bereit sind, die Gefahr des Scheiterns in Kauf zu nehmen, um konsequent die Richtung zu wechseln.

Ehrliche Rechnung statt Schattenbilanz

Wir brauchen eine neue Logik in unseren Kosten-Nutzen-Rechnungen. Der amerikanische Management-Guru Umair Haque belegt überzeugend, dass ein Hamburger bei McDonald's tatsächlich 30 Euro und nicht nur 3 Euro kostet, legt man auch Umwelt- und Sozialkosten zugrunde. Aber den realen Preis zu ermitteln wird allein nicht genügen, er muss auch bezahlt werden. Und zwar nicht nur vom Verbraucher: Die Konzerne müssen endlich an ihre Gewinne. Für Umwelt und Soziales.

Das Ende der Ü-Ei-Generation

Spiel, Spaß und Spannung erwarten junge Manager heute von ihrem Job. Sie zocken – und verzocken. Weil sie für ihr Handeln nicht verantwortlich gemacht werden – in guten Jahren kassieren sie Millionen Boni, in schlechten Jahren kürzen sie der Belegschaft das Weihnachtsgeld. Das *Wall Street Journal* schrieb 2010 über das Ende des Managements. Heute erleben wir es. Zu Recht! Denn wir brauchen keine Manager, die nur für den Profit handeln, sondern beständige, regional verwurzelte Unternehmer, die sich wieder dem Standort Deutschland verpflichten.

Gemeinwohl nicht im Alleingang
Wir brauchen jeden Einzelnen in unserer Gesellschaft, um gemeinsam die Weichen der Zukunft zu stellen.

Ehrlichkeit
Mehr brauchen wir nicht.

Einige Stunden später hielt der Ratsvorsitzende Hans-Peter Repnik eine Laudatio, die selbst mir die Tränen in die Augen trieb und uns beiden großen Applaus bescherte.

Nach dem offiziellen Teil wechselte die Gästeschar aus dem Festsaal in das Foyer des Düsseldorfer Maritim-Hotels. Meine Füße schmerzten. Als Werberin ging ich mit unter zwölf Zentimeter hohen Absätzen nicht außer Haus, als Textilunternehmerin bin ich diese hohen Hacken schlicht nicht mehr gewohnt, da ich in der Produktion nichts anderes trage als Ballerinas. Oder bequeme Turnschuhe. Aus dieser schmerzhaften Situation half mir Peter Maffay, einer der hochrangigen Stargäste des Abends. Er steuerte direkt auf mich zu und gratulierte mir zu meinem Projekt. Wir plauderten ein wenig, und dann wollte er sich von mir, wie oft üblich, Bussi links, Bussi rechts verabschieden. Als ich merkte, dass er das vorhatte, schlüpfte ich kurzerhand aus meinen High Heels. Natürlich nur, so erklärte ich für die Umstehenden, um mich auf Augenhöhe zu verabschieden. Da stand ich nun auf Strümpfen vor Peter Maffay, der sich dann doch nicht entfernte, weil sich zwei Herren zu uns gesellten: Erich Harsch, Geschäftsführer der Drogeriekette dm, nebst Pressebegleitung. Die drei Männer kannten sich, aber der Pressemensch stellte uns einander vor. Schnell merkten Erich Harsch und ich, dass wir nicht nur an dieselben Werte glaubten, sondern diese auch versuchten in unseren Unternehmen zu verankern und gemeinsam mit unseren Mitarbeitern zu leben. In beiden Firmen steht der Mensch im Mittelpunkt, und Wirtschaft wird mit dem Menschen gestaltet, nicht durch ihn. In beiden Firmen ist die Basis des Erfolgs der Respekt gegenüber den Mitarbeitern, Lieferanten und Kunden. Das, was ich über das Unternehmen dm kannte, wusste ich aus den Medien und von einer dm-Mitarbeiterin, die ich via Twitter kennenlernte. Sie hatte manomama Monate zuvor einen kleinen Auftrag gegeben für ein Gewinnspiel. Schlüsselanhänger und Filztaschen.

Ich empfand das Gespräch mit Erich Harsch als sehr angenehm. Vielleicht auch, weil es ein schönes Gefühl ist, das Bild eines Unternehmens durch einen Geschäftsführer, der das Bild ebenso verkörpert, bestätigt zu bekommen. Auch er schien von meiner Art und Weise, Wirtschaft zu betreiben, angetan und beendete das Gespräch mit den Worten: »Lassen Sie uns zusammen etwas machen!« Meinem »Gerne!« folgte ein freundliches Kopfnicken. Und eine rauschende Ballnacht.

Es dauerte nicht lange, bis der Anruf von Laura kam. Sie sei nun an einer neuen Position bei dm und für Kommunikation zuständig, erzählte sie. Laura, mindestens so temperamentvoll wie ich (und das will etwas heißen), platzte dann auch direkt mit ihrem Anliegen heraus:
»Pass auf. Was hältst du davon, für uns die Einkaufstaschen zu nähen?«

»Einkaufstaschen?«, fragte ich vorsichtig. Insgeheim war ich enttäuscht. Schließlich wollte ich Textilien herstellen und keine Werbeartikel.

»Ja«, kicherte Laura. »Total cool. Wir machen ein schickes Design, produzieren nach manomama-Bedingungen, also alles von hier und so, und dann brauchen wir davon eine Million im Jahr.«

»Wie bitte?«, sagte ich ungläubig ob der blanken Zahl. »Bist du wahnsinnig?«

»Ach, Quatsch, Sina, überleg's dir.« Danach verabschiedete sich Laura ins nächste Meeting.

Das Telefon legte ich fast in Zeitlupe auf den Schreibtisch. Ich ließ mich in meinen Bürostuhl fallen und atmete tief durch. Heilige Scheiße, dachte ich. Eine Million Taschen im Jahr. Die Hände im Nacken verschränkt und mit einem Fuß auf dem Boden den Bürostuhl wippend, kurz, in meiner typischen Denkerpose, ließ ich Minute für Minute verstreichen. Wie ich es auch drehte und wendete, eine Million Taschen waren eine Hausnummer, die ich mir einfach nicht vorstellen konnte.

Dann mache ich mir die Zahl eben kleiner, überlegte ich weiter. Und so wurden aus einer Million Taschen im Jahr »nur« 4807,692 Taschen pro Arbeitstag. Einerseits bin ich nicht der Mensch, der Stellen hinter dem Komma große Aufmerksamkeit zuteilwerden lässt, andererseits ist in meinen vier Semestern Betriebswirtschaftslehre zumindest ein wenig hängengeblieben. Unter anderem: Je größer das Mengengerüst, desto relevanter auch die Kalkulationsstellen hinter dem Komma.

»4808 Taschen. Am Tag«, sagte ich leise. »Klingt auch nicht besser als eine Million im Jahr.«

Während mein Respekt gegenüber der Menge nach wie vor zu cerebralen Lähmungserscheinungen führte, war meine

Suley, erster Mitarbeiter bei manomama und immer hilfsbereit – ob Maschinenreparatur oder komplizierte Naht. Die Ladys lieben ihn!

Monika: Während des Taschenumdrehens alles im Blick.

Ohne Werner läuft nichts, denn ohne Zuschnitt stehen die Nähmaschinen.

Folgende Doppelseite:
Ein Blick in die »h5«, unsere Taschenproduktion.

Marina holt sich Nachschub – dm-Henkel – für ihre Arbeit.

Rosi nimmt genau Maß, denn die Jeans müssen passen.

Agnes versteckt sich hinter einem Berg »Unterwäschestoffmustern«.

Was am Vormittag herauskam: eine Menge »Augschburgdenim« in Bayerischblau.

Miriam, rechte Hand und linke Gehirnhälfte von Sina – und stets ein offenes Ohr für alle!

Marga sorgt für Sicherheit: Ohne vier Riegelnähte geht keine Tasche aus der Halle.

Oben: Was von Kuh Elsa übrig blieb: ein pflanzlich gegerbter Voll-
rindledergürtel.

Rechts: Mit viel Handarbeit und Liebe entstehen die Taschen für dm.

Folgende Doppelseite: Wenn Gerda einen Taschenstapel zum Riegeln
gibt, ist immer Zeit für einen kurzen Plausch. Und Karin freut es.

Nach einem langen Arbeitstag und niemals Zeit für den Friseur: ich.

Enttäuschung in Bezug auf die Frage, was wir für dm nähen sollten, im Nu verflogen. Taschen, Einkaufstaschen. Biobaumwolltragetaschen. Sicher, für eine Kleidermanufaktur eigentlich überhaupt kein Produkt. Für mein Projekt aber das absolut perfekte. Aus zwei Gründen: Zum einen war ich mir sicher, dass Einkaufstaschen aufgrund ihres einfachen Fertigungsgrads die optimale Wiedereinstiegsaufgabe für Menschen sind, die lange das Schneiderhandwerk nicht mehr ausgeübt oder die noch nie an einer Nähmaschine gesessen haben. Zum anderen konnte man die Arbeitsschritte so gestalten, dass in jedem Arbeitsgang – so nennen Textiler die einzelnen Handgriffe an einem Produkt – stets genügend Material da wäre, um absolut flexible Arbeitszeiten zu ermöglichen. Näht man zum Beispiel in einem Team eine Jeans, so ist die erste Näherin für die Beinnähte zuständig, die zweite verarbeitet alles rund um die Taschen, die dritte kümmert sich um den Reißverschluss, die vierte setzt den Bund auf, die fünfte macht die Schlaufen. Die Reihe kann beliebig fortgeführt werden. Um also ein Kleidungsstück in Teamarbeit fertigen zu können, müssen alle Teammitglieder zwei Dinge identisch haben: den Arbeitsbeginn einschließlich Arbeitszeit sowie ein ähnliches Arbeitstempo. Deshalb wird in vielen Produktionsbetrieben am liebsten Vollzeit gearbeitet, zur allergrößten Not noch Teilzeit auf eine exakt beschränkte Stundenanzahl. Und was das Arbeitstempo betrifft, liebt das produzierende Gewerbe den Akkord.

Vollzeit und Akkord – beides kam für mich nicht infrage. Meine Mitarbeiter konnten von Anbeginn selbst festlegen, wie viele Stunden sie in ihrem unbefristeten Arbeitsvertrag stehen haben wollten, an welchen Tagen in der Woche sie diese leisten und in welchem Tempo sie ihre Aufgaben erledigen wollten. Selbstverständlich musste das Arbeitstempo wirtschaftlich tragfähig sein. Das schafften die Näher aber immer. Arbeit muss nicht, wie heutzutage üblich, 50 Prozent Rendite abwerfen.

Was jedoch die flexiblen Arbeitszeiten betraf, wurde es stets schwieriger. Arbeitszeiten anzubieten, wie und wann es dem Mitarbeiter passt, wurde deshalb zunehmend problematischer, weil sich ein elementarer Punkt in unserem Konzept änderte, eigentlich waren es zwei.

Wir starteten mit der Idee, dass eine Näherin oder ein Näher ein Kleidungsstück komplett selbst nähte. Von Anfang bis Ende. Grund dafür war meine Annahme, den Mitarbeitern würde es Freude bereiten, ein komplettes Stück zu fertigen. Dem war aber nicht so. Ich musste erkennen, dass Suley wirklich alles nähen konnte, Maria, die mittlerweile dem Team angehörte, hingegen viel besser in der Verarbeitung von gewebten Stoffen war. Gertrud wiederum liebte es, Strickstoffe zu verarbeiten, und da, wenn möglich, nicht die Kragen. Jeder also hatte seine Fähigkeiten und Vorlieben, die ich mit meiner gut gemeinten Idee des Gesamtfertigens schlicht überging. So fingen Maria und Suley an, Bestellungen zu bündeln und sich die Arbeiten zu teilen. Jeder nähte, was ihm lag – und sie schafften doppelt so viele Kleidungsstücke. Zu allem Überfluss auch noch in einer deutlich besseren Ausführung.

»Das ist ganz normal, Sina! Je öfter du einen Arbeitsgang machst, umso schöner wird das Ergebnis«, erklärte mir Suley.

»Schon klar«, antwortete ich, »beim Klavierspielen ist das ja ähnlich. Aber ist das nicht langweilig?«

»Wird dir beim Klavierspielen langweilig?«

Ich schüttelte den Kopf.

»Siehst du! Weil du gerne Klavier spielst – so wie ich gerne nähe«, sprach Suley weiter. »Wenn man nur einen Teil einer

Hose näht, dafür aber hundertprozentig, ist das am Ende viel besser für alle, als eine ganze Hose nähen, bei der man die Hälfte aller Nähte krumm setzt, weil man es nicht richtig kann.«

Leuchtete mir ein. Es war dann ab diesem Tag in unserer Manufaktur die Arbeitsteilung eingezogen, wenngleich ich etwas wehmütig meine Idee der Komplettfertigung zu Grabe trug. Was aber nützt die schönste Idee, wenn der Mensch, den sie betrifft, sich nicht wohl fühlt in der Umsetzung?

So begannen meine Näher jedes Kleidungsstück in geteilten Arbeitsgängen zu nähen. Das aber brachte mit sich, dass die Mitarbeiter, die für die Fertigung eines Produkts gebraucht werden, auch gleichzeitig anwesend sein mussten. Bei wenigen Shirts am Tag eine überschaubare Sache, bei 4808 Taschen eine völlige Unmöglichkeit. Schließlich benötigt man hierfür ja mindestens … Ich stockte in meinen Überlegungen. Stefan trat in diesem Moment in mein Büro, brachte mir einen Kaffee und wollte mir etwas erzählen. In der Agentur hatte er sich ja seit meinem Ausscheiden auf Websites und Online-Medien beschränkt. Auch wenn ich dabei nicht die fachliche Expertise geben konnte, fragte er mich um Rat oder berichtete über Neuerungen. Ein Blick in mein nachdenkliches Gesicht ließ ihn offenbar umdisponieren:

»Was schaust du so erschrocken?«

»Nicht erschrocken«, sagte ich. »Nachdenklich.«

»Und worüber grübelst du so angestrengt? Man könnte ja glatt meinen, der Weltuntergang steht vor der Tür.«

Ich musste schmunzeln. »Das trifft es, zumindest, wenn wir es machen – und es schiefgeht.« Dann schilderte ich ihm Lauras Angebot, rechnete ihm die 4808 Taschen täglich vor und sagte schließlich: »Keine Ahnung, was und wie viele Menschen ich da brauche.«

Als ich fertig war, sah mich Stefan mit großen Augen an und sagte nur ein Wort: »Puh!«

Ich senkte meinen Kopf, blickte über meine Brille zu meinem Mann und fragte sicherheitshalber nach: »Puh?«

»Ja, nein, also ...«, begann Stefan. »Ich meine, traust du dir das zu?« Während er die Frage formulierte, wurde er sich ihrer Unsinnigkeit bereits bewusst. Er kennt mich lange genug, um zu wissen, dass ich mir alles zutraue. Nur kommt manchmal ein anderes Ergebnis heraus. »Was ich damit sagen will: Bist du fachlich so weit, solch eine Nummer zu stemmen? Du gehst dann über von der Manufaktur zur industriellen Herstellung.«

Eine berechtigte Frage. Das war nämlich der zweite elementare Punkt bei unserem Konzept. Textilien industriell zu produzieren ist nämlich weit mehr, als einen Burda-Schnitt auf gekauftem Stoff auszuschneiden und die Teile irgendwie zusammenzutackern. Das fängt ganz vorne in der Kette an: Welche Biobaumwolle nehmen wir? Kurzer Stapel, Langstapel? Welches Spinnverfahren eignet sich für welchen Anwendungsfall? Feines Ringgarn zum Beispiel macht sich gut bei edlen Hemdenstoffen, ein gröberes Open-End-Garn, kurz OE genannt, passt bei Jeans. Überhaupt: Garn oder Zwirn, zwei oder mehr speziell ineinandergedrehte Garne? Stricken oder weben? Was soll mit der Farbe gemacht werden? Waschung? Die Liste könnte ich auf fünfhundert Seiten weiterführen und wäre doch nicht mit den Fragen rund um das reine Material durch. Dazu kommen Überlegungen zum Bereich der Bekleidungstechnik, der -fertigung und nicht zuletzt der Nähmethodik. Das große Finale sind Qualitätstests. Ist der Nahtschiebewiderstand richtig, gibt es Drehbeine? Während ich die einzelnen Stationen durchging, wurde mir bewusst, dass ich in den vergangenen Monaten ziemlich gute Lehrmeister gehabt hatte. Da gab es Raffi und das Professoren-Paar, aber seit Anbeginn arbeitete ich auch mit dem staatlichen Textilmuseum in Augsburg zusammen, kurz tim genannt. Ehrenamtliche Mitarbeiter, ehemalige Weber, lehrten mich in der Webhalle im Museum alles rund um Kette und Schuss. Dann hat mir auch die Hochschule Reutlingen ihre Pforten geöffnet, um mir im Schnelldurchlauf die Grundlagen des Spinnens, Wirkens und Strickens zu vermitteln. Ich kann mich noch gut erinnern, wie Ramacan Selcuk, Professor für Spinntechnik, in seiner unverwechselbaren Art sagte: »OE ist wie Zuckerwatte. Kennen Sie, ja? Nur, dass der Zucker Baumwolle ist!« Vom Reutlingen Research Institut (RRI) kam auch mein persönlicher Lehrmeister: Kai Nebel. Entgegen seinem Namen brachte er mir seit zwei Jahren Klarheit: in Sachen Faserkunde, Konstruktion, Chemie, Ausrüstungen. Wenn ich außerhalb des wissenschaftlichen Elfenbeinturms fachkundigen Rat und Hilfe benötigte, war Oliver Reetz da. Sie alle sind dafür verantwortlich, dass ich das weiß, was ich mittlerweile weiß.

»Ja, ich bin fachlich so weit, so eine Nummer zu stemmen«, antwortete ich Stefan aus voller Überzeugung. Weil es der Realität entsprach. Bei einer Produktion von 10 000 Herrenanzügen hätte ich zum damaligen Zeitpunkt, Ende 2011, ernsthaft gezweifelt, aber nicht bei einer Million Biobaumwollstofftaschen.

»Stefan, ich brauche Stoff, Nähfaden, Henkel. Und eine ganze Menge Leute, um die Stückzahl zu schaffen. Das wäre doch ein genialer Einstieg, um unserem Ziel, möglichst vielen Menschen wieder eine sinnvolle Arbeit zu geben, einen großen Schritt näherzukommen«, versuchte ich meinen Mann zu überzeugen.

Ich musste ihn aber nicht überzeugen, denn er war längst dabei.

»Wir müssen zunächst eine sinnvolle Lieferkette aufbauen. Gibt es in Deutschland überhaupt noch Spinner und Weber, die diese Mengen an Garnen und Stoffen bewältigen können? Und wir brauchen Platz. Richtig viel Platz! Du musst die Suche nach Räumlichkeiten komplett überdenken. Wenn ich das mal überschlage: Ich rechne mit dreißig, vierzig Neueinstellungen, Maschinen, Sozialraum ... Da brauchen wir mindestens tausend Quadratmeter. Und eine ganze Stange Geld!«

»Puh!«, wiederholte ich.

»Dann sind wir uns ja mal wieder einig.« Stefan musste grinsen.

Als die Entscheidung gefallen war, informierte ich meine Mitarbeiter in der Manufaktur darüber.

»Taschen?«, fragte Suley ungläubig.

»Ja, Taschen.«

»Aber warum das denn? Wir wollen doch Bekleidung machen?«

»Weil es der Startschuss ist für Kleidung im großen Stil.«

Suley sah mich an, als verstünde er nicht einmal Bahnhof. So begann ich zu erklären.

»Wir haben jetzt eineinhalb Jahre Manufaktur hinter uns, also Kleidungsstücke von Hand ausschneiden, einzeln zusammennähen und verschicken, richtig?« Meine Mitarbeiter nickten. »Zwei Dinge haben wir gemeinsam erkannt: erstens, dass ihr Komplettanfertigung nicht so klasse findet, und zweitens, dass die Kleider, die wir in Teamarbeit schneidern, qualitativ viel besser sind als die Einzelanfertigungen ...«

Suley unterbrach mich. »Das habe ich doch schon immer gesagt. Man kann nur Qualität nähen, wenn man seine Handgriffe gut eingeübt hat. Das geht mit Einzelanfertigung nicht.«

»Richtig«, bestätigte ich Suley. »Deshalb Taschen. Ich fange noch einmal von vorne an. Diesmal arbeiten wir nicht als Manufaktur, sondern als richtige Textilfabrik. Von vornherein gibt es geteilte Arbeitsgänge, gut aufeinander abgestimmte Abläufe. Und das mit einem einfachen Produkt! Nur als Textilfabrik schaffen wir wirklich viele Arbeitsplätze. Schaut doch mal, selbst zu dritt steht ihr euch in der kleinen Manufaktur schon im Weg!«

Suley nickte, Gertrud und die anderen waren eher reserviert.

»Und was wird mit uns?«, fragte Gertrud sorgenvoll.

»Keine Angst, ihr haltet hier erst einmal die Stellung«, antwortete ich. »Ihr kümmert euch weiter um die Bekleidung. Und wenn ich in der Taschenproduktion so weit bin, dass wir genügend qualifizierte Näher und Näherinnen haben, dann zieht ihr einfach mit hinüber – und wir produzieren Kleidung im großen Stil!«

Der Gedanke an eine große Kleiderproduktion schien meine Mitarbeiter zu überzeugen. Zufrieden gingen sie an ihre Arbeit. Und ich an meine.

Die darauffolgenden zwei Tage verbrachte ich damit, in unzähligen Läden Baumwolltaschen zu kaufen, diese genau unter die Lupe zu nehmen, Produktionsweisen zu studieren und Gewebearten zu analysieren. Mein Fazit: kein Problem. So griff ich zum Telefonhörer und rief Laura an.

»Drogeriemarkt dm, Laura am Apparat«, meldete sie sich.

»Hi Laura, Sina hier«, begrüßte ich sie.

»Schön, von dir zu hören.«

»Laura, wir machen das!«

»Echt?«

»Echt. Wird schon schiefgehen!«

»Yeah! Hach, das freut mich. Wir kriegen das hin. Ich wusste, dass du ja sagst, und habe deshalb schon mal alle

Rahmendaten zusammengetragen. Unsere bisherigen Taschen reichen noch bis Mai. Dann musst du liefern. Erstausstattung wären 175 000 Taschen für alle Filialen, dann geht's gemächlicher weiter, ja?«

»Ähm, ja, okay«, antwortete ich und überschlug bereits im Kopf den Zeitrahmen. Ein halbes Jahr, zählte ich, das dürfte reichen.

»Aber ich möchte nicht so hässliche Tüten mit fettem Logodruck darauf fertigen, Laura. Lass uns was Schickes machen«, schlug ich vor. Ich hatte keine Lust, Werbeartikel zu produzieren. Meinem Verständnis nach ist das weder nachhaltig noch wertig. Auch Laura hatte vor, dieses Projekt besonders zu gestalten. Sie griff meine Idee sofort auf.

»Au ja, die modische Handtasche für den Alltag.« Laura war begeistert, und wir verabredeten uns für ein Treffen, zusammen mit ihren Kolleginnen.

Bei diesem Termin entwickelten wir die neue dm-Tasche: kein grober Jutestoff, sondern feiner, fester und vor allem bunter Biostoff in Bekleidungsqualität. Kein prominentes Werbelogo auf der Tasche, sondern ein dezenter Druck auf den Henkeln. Keine Asienware, sondern vom Garn bis zur Naht in Deutschland wertgeschöpft. Nichts Konventionelles und zu 100 Prozent ökologisch zu einem erschwinglichen Preis.

13

WENG & WAHNSINN

Dass ein halbes Jahr Vorlaufzeit für ein Mammutprojekt dieser Art nichts ist, merkte ich in den nächsten Tagen und Wochen. Es begann bei der Lieferantensuche. Meine bisherigen Zulieferer wurden kreidebleich im Gesicht, als sie die Mengen hörten – und lehnten ab. Andere wiederum wären sofort dabei gewesen, wollten mir aber nicht garantieren, den Stoff in Deutschland zu weben. Dritte hingegen hätten es sich vorstellen können, waren aber nicht bereit, auf Bio umzustellen.

»Mei Mädle«, sagte Herr Weng, dienstältester ehrenamtlicher Weber im Textilmuseum. »Wenn du nur vor dreißig Joahr komma wärsch, hättma dia Maschina oifach ogschmissa.«

»Da war ich noch nicht einmal in der Grundschule«, hielt ich dagegen.

»Woiß i doch. Woisch, des isch alles zammabrocha. Do isch nix mehra!«

Ich erinnerte mich an die Worte von Raffi. Immer, wenn er gefragt wurde, wie das damals war, als die Textilbranche sich verabschiedete, erzählte er: »Früher war ich der jüngste Maschinentechniker. Heute bin ich der einzige. Dass der

Zusammenbruch der Branche kommen würde, war uns allen klar. Dass es aber so schnell ging, niemandem!«

Wie Raffi hielt auch Herr Weng meine Idee, in Deutschland wieder »richtig gscheite Menga« zu produzieren, für völlig wahnsinnig. Er versuchte mich davon abzuhalten.

»Woisch, wenn des so oifach wär, hätt des scho längst jemand gmacht. Mädle, wenn du des machsch, geb i dir koine drei Monat, dann bisch weg vom Fenschtrr und des guate Geld is nausgschmissa.«

Alles sprach gegen mein Vorhaben: Keine Lieferanten fanden sich, meine vertrauten Fachleute hielten den Schritt von der Manufaktur zu einer richtigen Textilfabrikation für einen unkontrollierbaren Blindflug, der nur in einem Absturz enden konnte. Hinzu kam das nach wie vor ungelöste Problem der Räumlichkeiten. Nicht zu vergessen: das fehlende qualifizierte Personal, das für diese Mengen notwendig ist, und ein wenig Startkapital. Ein wenig viel.

»Ich hab das mal durchgerechnet, Sina«, sagte Stefan eines Tages. »Es geht nicht. Selbst wenn wir unsere Wohnung beleihen – wir brauchen mindestens 1,3 Millionen Euro.«

Eigentlich war die Näherei ja ursprünglich mein Projekt gewesen, aber mehr und mehr war es zu unserem gemeinschaftlichen geworden: Stefan und ich steckten alles, was wir an Zeit und Geld hatten, in dieses hinein. In den letzten Monaten mit zunehmendem administrativem Aufwand. Stefan kümmerte sich sogar um die gesamte Buchhaltung. In seiner spärlichen Freizeit.

»Wenn ich nach unseren bisherigen Investitionen alle Mittel, die wir beide noch haben, zusammenrechne«, fuhr mein Mann fort, »fehlen uns immer noch über 300 000 Euro, um diesen Schritt ins Rollen zu bekommen. Und ich habe schon optimistisch gerechnet!«

Es gibt viele Dinge, die ich kann. Aber es gibt etwas, was mir überhaupt nicht gelingt: aufgeben. Ich wollte nicht akzeptieren, dass eine solch einmalige Chance, gemeinsam mit einem großen, guten Unternehmen ein Projekt zu starten, das zahlreichen Menschen, die keine Arbeit haben, wieder sinnvolle Beschäftigung gibt, verstrich, ohne es zumindest versucht zu haben.

»Wenn ich es doch irgendwie schaffe, gehst du das Risiko mit?«, fragte ich Stefan. Ich wusste, dass ich mir diese Frage eigentlich hätte sparen können.

»Du weißt, dass ich dabei bin. Aber wir müssen es anders machen. Anders, als es üblich ist. Wie, weiß ich noch nicht. Nur: Machen wir es wie üblich, haut es uns auf die Schnauze.«

Um das Wie kümmerte ich mich. Anders als üblich wurde es auch. Wortwörtlich. Und sicherlich völlig anders, als mein Mann geglaubt hatte, der (und dafür bewundere ich ihn sehr) stets äußerst strukturiert an Dinge herangeht.

Meine erste Tat in Sachen »Taschen von manomama für dm« war die Auftragsvergabe. Endlich hatten wir einen Spinner und Weber gefunden. Ich bestellte bei ihm 250 000 Laufmeter Stoff. Das sollte für das erste halbe Jahr des Projekts reichen. Als Miriam und Stefan davon erfuhren, fielen sie schier vom Glauben ab. Diese Aktion war selbst für die beiden zu viel.

»Bist du wahnsinnig?«, fragte mich Miriam. »Wo willst du das denn lagern? Du hast noch nicht einmal eine Halle!«

»Viel schlimmer, Sina: Damit sind drei Viertel unseres Startkapitals weg. Wie zahlst du die Henkel, den Faden. Ach ja, Räume und Personal, Strom und Betrieb sind ja zu vernachlässigen! Was du da treibst, gehört langsam in die Kategorie illegales Glücksspiel«, warf Stefan kritisch ein.

Obwohl die Situation sehr ernst war und die Luft zum Schneiden dick, musste ich lachen. Meine beiden: Stefan, der Betriebswirt, und Miriam, der Organisator. Wie immer eigentlich. Berechtigterweise waren beide geschockt. Dennoch war ich mir sicher, das Richtige zu tun. Hätte mich jemand gefragt, woher dieses Gefühl kam, hätte ich auf meinen Bauch verwiesen. Ich bewerkstellige mein gesamtes unternehmerisches Leben in dieser Weise: aus dem Bauch heraus. Statistiken meide ich, Zahlen langweilen mich. Das Einzige, worauf ich vertraue, ist mein Bauch. »Naiv«, mögen die einen sagen, »visionär« die anderen. Ich nenne es Kölner Unternehmertum: »Et hat no immer jut jejange.« Was den Stoff betraf, hatte ich auch keine andere Chance. Das versuchte ich nun zu vermitteln.

»Leute, wenn ich die Stoffe nicht geordnet hätte, könnten wir den Zeitplan nicht einhalten. Der Weber braucht zwölf Wochen dafür. Da bleiben uns genau noch acht Wochen, die ersten 175 000 Taschen zu produzieren.«

»Dann sieh bloß zu, Räume zu finden. In unserem Agentur-Manufaktur-Bauernhof kannst du kaum zig Paletten stapeln. Andernfalls endet das in einem Fiasko«, raunte Stefan mir zu. Und ging.

Die Räume. Oder besser gesagt: die Halle. Diese musste unbedingt her. Da alles Unternommene nicht geklappt hatte, blieb mir keine andere Wahl, als die Öffentlichkeit zu suchen und über die heimischen Medien geeignete Räumlichkeiten zu finden.

Warum nicht zwei Fliegen mit einer Klappe schlagen, dachte ich und informierte den Bayerischen Rundfunk sowie die *Augsburger Allgemeine* darüber, dass ich nicht nur Produktionshallen suchen würde, sondern auch dreißig, vierzig neue Mitarbeiter.

Wir hatten aus unseren ersten siebenhundert Bewerbungen zunächst einige angerufen, aber schon nach kurzer Zeit mussten wir bemerken, dass es eine sinnfreie Aktion war. Die meisten Daten waren, eineinhalb Jahre nach Abgabe der Bewerbung, nicht mehr aktuell. Einige waren nicht mehr erreichbar, andere hatten mit Schicksalsschlägen wie Krankheit oder Scheidung zu kämpfen. Eine Näherin war sogar inzwischen verstorben. Im besten Fall bekamen die Bewerberinnen aus der ersten Suchaktion Kinder oder hatten bereits eine Beschäftigung gefunden. Deshalb startete ich erneut eine mediale Suche nach arbeitsuchenden Menschen. Wieder mit Erfolg: Diesmal erreichten uns mehr als dreitausend Bewerbungen.

Ich bat Miriam, die eingehenden Unterlagen zu sortieren. Die zweihundert »härtesten Fälle« luden wir dann zu einem Gespräch ein. Rund zehn Prozent erschienen nicht. Nicht einmal ein Anruf ging bei uns ein. Wir prüften nach und stellten fest, dass es meist Bewerber waren, die zugleich die Bewerbungsaufforderung des Arbeitsamts beigefügt hatten und überhaupt kein Interesse an einer Arbeit zu haben schienen. Weitere siebzehn Bewerber kamen außerhalb der ausgemachten Gesprächszeit und versuchten ausschließlich, meine Unterschrift zu erhalten. Diese nämlich benötigen sie auf dem Formular, das das Arbeitsamt als Bewerbungsnachweis einfordert. Ich verweigerte sie ihnen. Meist gingen diese Leute schnell wieder, häufig wortlos. An einen kann ich mich aber erinnern, da er mir drohte.

»Wenn Sie mir Ihre Unterschrift nicht geben, nehme ich den Job an und mache Ihnen die Hölle heiß!«

Verwundert ob der Dreistigkeit schickte ich ihn energisch zur Tür, ohne Unterschrift. Dafür erhielt seine Betreuerin im Arbeitsamt einen Anruf von mir.

Für die restlichen 163 Menschen nahm ich mir fast drei Wochen Zeit für Gespräche. Oftmals wurden mir Lebensgeschichten erzählt, die ich bis heute nicht vergessen kann. Nicht, um Eindruck zu schinden, vielmehr, um die Situation, in der sich der Bewerber befand, zu untermauern. Je länger diese Phase andauerte, umso fertiger war ich. Emotional ausgelaugt. Diese Tage waren aber nötig, um eine wichtige Erkenntnis zu gewinnen.

Ladys. Meine Ladys

Der Grundstein meiner Textilfabrikation? 163 Geschichten von Menschen. 163 Lebensgeschichten. Von Frauen. Alle in Grundzügen gleich. Kindheit, Schulzeit, Ausbildung. Dann entwickeln sich die Geschichten in zwei Richtungen: Entweder folgten Ehe, Kinder, Arbeitslosigkeit. Oder es wurde gearbeitet, gearbeitet, bis der Vorgesetzte entschied, man sei zu alt zum Arbeiten. Oder zu teuer. Oder beides. Nicht wenige Frauen brachte das gesellschaftliche Bild der Frau in ihre heutige missliche Lage. »Als ich jung war, durfte ich nicht auf die höhere Schule gehen«, habe ich öfter gehört. Regelschule, Heirat, Kinder war der Plan. Und die Erwartung des jeweiligen Umfelds. Als individuelles Beiwerk erzählte man mir von schlimmen Krankheiten, saufenden Männern, geschlagenen Kindern. Von Unfällen, eigenem Alkoholismus und weiteren Schicksalsschlägen. Leid und Tragik in komprimierter Form. So unterschiedlich die Lebensläufe der Damen waren, so einig waren sie sich in einem Punkt: »Es gibt nichts zu jammern, denn es ist, wie es ist. Und man muss das Beste daraus machen.«

Diese Worte stammen von Monika Giersig. Jener Monika, die meinem zweiten Aufruf nach Mitarbeitern für die Textilfabrikation folgte. Meiner Monika. Einst hielt sie sich nach drei Kindern mit Hilfsjobs über Wasser, weil niemand ihr mehr zutraute. Als Küchenhilfe schnippelte sie Grünzeug, weil keiner ihre echten Fähigkeiten entdeckte. Es habe sich auch nie ein Vorgesetzter dafür interessiert, was in ihr stecke. Sagt sie. Bei manomama managt sie heute eine ganze Hundertschaft Damen. Sie hat alles im Blick, ihr entgeht nichts. Monika verfügt über etwas, was den meisten Managern fehlt und an keiner Universität zu erwerben ist: angeborene Autorität, eingebettet in Empathie und Herzlichkeit. Ihre »leitende« Funktion als Mädchen für alles und rechte Hand von Hilde, meiner Nähereileiterin, hält sie jedoch nicht davon ab, weiterhin auf ihrem angestammten Platz Taschen umzudrehen. Monika ist Sinnbild für alle Frauen, die bei manomama arbeiten. Und für Hunderttausende Frauen, die immer noch in Bildungseinrichtungen, Wiedereingliederungsmaßnahmen oder am häuslichen Küchentisch versteckt sind, damit sie in der Arbeitslosigkeitsstatistik nicht erfasst werden: Frauen mit einem Rückgrat, die arbeiten möchten, wenn sie nur dürften. Die ihre Chance wahrnehmen, wenn sie ihnen angeboten wird. Es sind Frauen zwischen fünfundvierzig und fünfundsechzig Jahren, von denen sich zimperliche Zwanzigjährige mehrere Scheiben abschneiden können. Es sind keine faulen Hartz-IV-Empfänger, die ihr Leben nicht auf die Reihe bekommen. Es sind Frauen, die aufgrund von Hunderten gescheiterten Versuchen im Arbeitsleben wieder Fuß fassen möchten und leise auf ihre Chance warten. Es sind echte Ladys. Meine Ladys.

Die größte Herausforderung wartete jedoch nach den Gesprächen auf mich: die Auswahl der Ladys, die mit mir das Taschenprojekt beginnen sollten. Fünfunddreißig aus 163. Es war unendlich schwierig. Immer und immer wieder gruppierte ich Unterlagen neu, stellte Teams zusammen, verwarf sie wieder und bastelte an anderen Kombinationen. Wichtig war die Mischung von gelernten Fachkräften und ungelernten Mitarbeiterinnen. Die musste stimmen. Eine Sisyphos-Arbeit, die in diesem Moment durch das Telefon unterbrochen wurde. Ich nahm den Hörer ab.

»Sina«, sagte Felix. »Da ist jemand dran, keine Ahnung. Seine Frau hat was über manomama gelesen, und nun will er dringend mit dir reden.«

»Mensch, Felix, ist gerade schlecht. Richte ihm aus ...«

Felix unterbrach mich. »Ich habe schon versucht, ihn abzuwimmeln. Er meinte aber, es wäre sehr wichtig – für dich!«

»Also gut«, antwortete ich. »Stell ihn durch.«

Keine zehn Minuten später warf ich mein Telefon achtlos hin, nahm hastig meine Jacke, rannte in Rekordtempo zur Tür hinaus und stieg in mein Auto. Auf der Fahrt vibrierte mein Handy. Miriam schrieb mir eine SMS: »Süße, was ist PASSIERT???!!!« Ich antwortete: »Später, nix Schlimmes.«

»Grüß Gott, Frau Trinkwalder«, hörte ich eine Stimme, während ich aus dem Wagen stieg. Zwei freundliche Herren, ungefähr sechzig, steuerten direkt auf mich zu.

»Hallo zusammen«, sagte ich und grinste über das gesamte Gesicht.

»Meine Frau hat Ihr Hallengesuch in der Zeitung gelesen«, erzählte der Weißhaarige.

»Und ich hab es im Bayerischen Fernsehen gesehen«, ergänzte der Dunkelhaarige. »Ihnen ist die Immobilie ja bestens bekannt?«

»Ja. Zehn Jahre muss es ungefähr her sein, da habe ich die Firma marketingtechnisch beraten. Außerdem arbeiten bei mir, also in meiner jetzigen Näherei, drei der ehemals hier angestellten Musternäherinnen, auch die Schnittmacherin. Ich wusste nicht, dass die Firma geschlossen wurde.«

»Ja, vor einigen Wochen. Aber lassen Sie uns mal reingehen«, sagte der weißhaarige Herr.

Gemeinsam durchquerten wir das gesamte Areal. Drei Hallen. In der letzten Halle, einem achthundert Quadratmeter großen Raum mit Glasfront, blieben wir stehen.

»Vorne ist das Büro schon vermietet, aber wir könnten Ihnen die drei Hallen geben. Und das hintere Büro«, boten die beiden Herren mir an und nannten mir ihre Konditionen.

Ich war den Tränen nahe. Nicht nur, dass ich hier in absoluten Traumhallen stand, die ich mir, das sagte mein Bauch, leisten konnte. Auch meine ursprüngliche Idee, Textilien dort zu produzieren, wo sie einst gefertigt wurden, konnte jetzt wahr werden. Das Objekt war nämlich das ehemalige Rohwarenlager der alten Kattunfabrik Augsburg (NAK). Bis 1998 wurden an dieser Stelle weltberühmte Stoffe bedruckt. Dann wurde auch hier das Ende eingeläutet.

»Und, was sagen Sie?«, fragte mich der Weißhaarige.

»Ich, ich …«, stammelte ich. »Ich weiß gar nicht, was ich sagen soll.«

»Nun gut, Frau Trinkwalder«, fuhr er fort. »Wir haben uns ein wenig informiert. Uns imponiert Ihr Vorhaben, und wir möchten Sie da unterstützen. Sicherlich verstehen Sie, dass wir zumindest ein wenig Sicherheit benötigen. Wir würden Ihnen die Hallen und das Büro überlassen. Sie brauchen keine Bürgschaft, aber um Ihre Ernsthaftigkeit zu zeigen, erwarten wir, dass Sie ein Jahr lang privat für die Miete bürgen. Wäre das ein Angebot?«

Stefan bringt mich um, aber egal. Tot ist tot, dachte ich. Und sagte: »Das ist selbstverständlich. Wenn ich nicht daran glauben würde, wer dann?«

Nach diesen Worten reichte ich den beiden Herren meine Hand.

Den Mietvertrag unterschrieb ich wenige Tage später. Somit war mein Hallenproblem erledigt. Und mein finanzielles Risiko mal wieder eine ordentliche Hausnummer gewachsen.

»Wo warst du denn so lange?«, fragte mich Stefan, als ich zur Tür hereinkam.

Ich erzählte ihm von meinem Nachmittag, von dem Anruf und den Hallen.

»Du hast so viel Glück wie Verstand«, schmunzelte er. Eigentlich war Stefan in letzter Zeit eher kritisch gegenüber meinem Handeln eingestellt gewesen. Aber dank der vielen Jahre, die wir zusammen sind, wusste er auch, dass ich es immer irgendwie herausreiße. Wie jetzt eben.

»Nein, Schatz, ich habe eine Halle, sogar drei Hallen«, konterte ich. »Aber«, ließ ich wie beiläufig fallen, »ich musste mich privat für den Mietzins für ein Jahr verbürgen. Die Vermieter wollten Sicherheit.«

»Oh mein Gott! Sina, Sina. Wenn das schiefgeht. Tot ist tot«, sagte Stefan.

»Eben. Das dachte ich mir auch.« Ich lachte.

Dennoch war mir nicht zum Lachen. Stefan hatte mit seiner optimistischen Kalkulation, wie immer, kaum danebengelegen. Mietzins, Betriebskosten, Investitionskosten für die Maschinen und Material – es reichte vorne und hinten nicht.

»Wir müssen es anders machen als üblich«, erinnerte ich mich an seine Worte. So fasste ich einen Entschluss und griff zum Telefon.

»Laura?«

»Hi Sina. Was ist los?«

»Ich habe endlich die geeigneten Hallen gefunden. Mitten in Augsburg.«

»Großartig! Dann steht ja dem Startschuss nichts mehr im Wege. Denk daran, die Zeit rennt uns davon.«

»Na ja, also. Eine Hürde habe ich noch …«

»Ja?«

»Ich bekomme das Ganze allein nicht gestemmt. Meine Kohle reicht vorne und hinten nicht. Ich habe noch 910 000 Euro, wenn ich alles, was Stefan und ich haben, zusammenkratze. Das ergibt dann gerade mal den Stoff, die Henkel und zwanzig Maschinen finanziert. Bei Banken erhalte ich keinen einzigen Cent, weil die mich für bekloppt halten. Nicht einmal einen Termin habe ich bekommen …«

»Was?«, sagte Laura. »Keinen Termin?«

Genau, keinen Termin. Dabei hatte ich zuerst bei der Bank angefragt, die mein Projekt großspurig ausgezeichnet hatte. Der Deutschen Bank. Noch heute kann ich mich gut an den Banker erinnern, den ich damals in München in der Staatskanzlei im Rahmen der »Land der Ideen«-Veranstaltung getroffen hatte. »Ganz wunderbar, was Sie da machen«, sagte er, lächelte, wie ein stolzer »Schirmherr« lächelt, als er mit mir fürs Pressefoto posierte.

»Ja, aber Geld würdet ihr uns trotzdem nicht geben«, erwiderte ich.

»Stimmt.«

Dennoch wollte ich es nicht unversucht lassen und hatte bei der Filiale in Augsburg um einen Termin gebeten. Man rief mich nicht einmal zurück. Bei zahlreichen anderen Banken verhielt es sich ähnlich. Das ist zum Kotzen, dachte ich. Jeder häuft dich zu mit Preisen, aber wenn es ums Helfen geht, ist keiner da. Ich war zutiefst enttäuscht. Meine letzte Hoffnung war meine bisherige Hausbank.

Stefan bereitete alles sorgfältig vor und instruierte mich: »Einen Kredit werden wir nicht bekommen. Ein Kontokorrent (eine Kreditaufnahme auf Rohwaren, die durch den Wert der Rohware selbst abgesichert ist) würde schon reichen. Sie sollen den Stoff als Sicherheit nehmen, dann haben wir wieder unsere eigenen liquiden Mittel, um zu wirtschaften.«

Das sah die Bank anders. Kontokorrent – schließlich sind wir ein hochriskantes Textilunternehmen – gäbe es nur, wenn wir eine Übereignung der fertigen Produkte anböten. »Das wäre ja so, als würde BMW einen Kontokorrent für das Blech aufnehmen und als Sicherheit die fertigen 5er anbieten«, empörte ich mich bei Klaus, den ich immer wieder um Rat fragte.

»So ungefähr. Und sie würden es nicht machen. In deinem Fall würde dm sicherlich auch nicht begeistert sein«, erklärte er.

So weit kam es überhaupt nicht, weil ich mich auf diesen Kuhhandel nicht einlassen wollte. Das Thema Bank war also gestorben.

»Nein, keinen Termin«, antwortete ich Laura.

»Mensch, sag halt was«, schimpfte sie. »Es ist doch unser gemeinsames Projekt. Manomama und dm. Nicht manomama für dm. Jetzt schickst du uns den Posten für den Stoff, ich spreche das kurz ab, mit Herrn Werner, und dann steht einer Anzahlung sicherlich nichts im Wege.« Ich wollte ansetzen und etwas einwerfen, aber Laura ließ mich nicht zu Wort kommen. »Keine Widerrede.«

»Danke«, sagte ich leise, und wir beendeten unser Gespräch. Bereits einen Tag später erteilte Herr Werner seine Zustimmung.

Als Stefan von der Neuigkeit erfuhr, hörte ich förmlich den Stein von seinem Herzen fallen.

»Jetzt klappt das«, lächelte er zufrieden.

Die nächsten Tage verbrachte ich damit, fünfunddreißig neue Ladys darüber zu informieren, dass es bald losgehen würde. So hatte ich mich endlich entschieden: Karin war Ende vierzig und gelernte Friseurin (also fingerfertig), Marga, Anfang fünfzig, hatte jahrelang in einem Büro am Computer gearbeitet, beide schienen am »Riegler« genau richtig zu sein. Da wurde ihnen eine Näharbeit abverlangt, bei der man ein exzellentes grafisches Gespür haben muss. Bei Karin dachte ich, sie müsste es aufgrund ihres gelernten Berufs haben, bei Marga erkannte ich es an der Art, wie sie sich selbst stylte und Dinge sah.

Rosi stand von vornherein ganz oben auf meiner Auswahlliste. Nicht nur, weil sie die Erste war, die ihre Bewerbung persönlich abgegeben hatte, sie war außerdem ein Näherinnenurgestein. Mit ihren sechzig Jahren konnte Rosi, die aussieht wie eine äußerst sympathische Kopie der Gutemine, der Ehefrau von Majestix aus Asterix und Obelix, auf eine lange Berufserfahrung zurückblicken. Jedoch hatte sie nie eine Ausbildung zur Näherin absolviert. »Ich fand das privat immer toll, aber ich habe eigentlich Köchin gelernt«, erklärte sie mir in unserem Gespräch. »Zu Zeiten der DDR gab es aber mehr zum Nähen als zum Kochen, und so fand ich den Weg an die Nähmaschine. Erst als Helferin, dann irgendwann als echte Näherin. Ich sollte sogar eine leitende Funktion bei den Dessauer Bekleidungswerken bekommen.« Aber die Zeit war gegen ihre Beförderung: Die Bekleidungswerke schlossen vor ihrem Aufstieg.

Durch ihre Kinder verschlug es sie nach der Wende nach Augsburg. In der Ballonfabrik nähte sie in den darauffolgenden Jahren für die Rüstungsindustrie. »Es war eine schöne Arbeit, auch wenn es kein schöner Grund war«, sagte sie wehmütig. Das Nähen an sich war ihre Leidenschaft, Taucheranzüge für Soldaten zu fertigen, aufblasbare

Gefechtsstützpunkte für Kriegseinsätze hingegen, das war ihr befremdlich. »Aber: Arbeit ist Arbeit«, erzählte sie weiter. Ihre Näherkarriere ging mit dem Verkauf der Augsburger Ballonfabrik zu Ende. »Mit Knochenjobs in einer Wäscherei habe ich mich über Wasser gehalten«, berichtete Rosi dann unter Tränen. »Von irgendwas muss man ja leben!« Sie hangelte sich von einem befristeten Arbeitsvertrag zum nächsten und endete in erneuter Arbeitslosigkeit. »Aber nicht lange! Denn dann kamst ja du!« Rosi grinste mich an. »Und hier bleibe ich jetzt auch. Bis nach der Rente, ja?« Ich musste Rosi versprechen, dass sie als Rentnerin »zumindest noch einen Minijob« bei manomama machen dürfe. Ich versprach es ihr, in die Hand. Und ich werde es halten.

Allen Frauen, nicht nur den drei namentlich genannten, sagte ich, dass wir in vier Wochen wohl in den neuen Hallen loslegen könnten. Bis dahin musste die Heizung eingebaut, die Tische mussten aufgebaut und die Maschinen betriebsbereit sein. Die Manufaktur-Näher, die nach wie vor in den alten Räumlichkeiten die Bestellungen bearbeiteten, kümmerten sich zusammen mit Miriam um unser stets wachsendes Tagesgeschäft. Meine Aufgabe hingegen war es, die Textilfabrik auf die Beine zu stellen und den dafür notwendigen administrativen Kram zu erledigen. So vervollständigte ich alle Unterlagen, um bei dm als Lieferant gelistet zu werden. Am Ende bat ich Klaus, über die Unterlagen zu blicken, bevor ich sie final absandte und sie rechtsgültiger Vertragsbestandteil wurden.

»Sag mal«, fragte Klaus, nachdem er sich alles genau angeschaut hatte. »Wie hast du eigentlich ausgerechnet, dass du die Tasche für 1,67 Euro produzieren kannst?«

»Gar nicht«, antwortete ich.

»Was?«, fragte er erschrocken.

»Ich habe das im Kopf überflogen. Das muss hinhauen.«

»Bist du wahnsinnig? Bei den Mengen, bei den unvorherge-
sehenen Posten wie Logistik, Personal, ach, bei allem. Das
muss man exakt aufstellen, und dann muss man einen ersten Finanzplan und eine Kalkulation machen. Ich lasse dich
als dein Steuerberater, Freund und Anwalt nicht blindlings
ins Elend reiten. Bring bitte alle Angebote und Verträge
mit, und wir kalkulieren das mal ordentlich durch.«

Sein drohender Unterton vermittelte mir, dass es keinen
Zweck hätte, das »Angebot« auszuschlagen. So nahm ich
einen Haufen Papier, meinen Laptop und fuhr in seine
Kanzlei. Über zehn Stunden analysierten wir, trugen Zahlen zusammen, werteten Simulationen aus. Ich hatte fast
schon einen Kaffeeschock und musste vehement gegen die
Langeweile kämpfen, während Klaus immer noch versuchte, sich einen Überblick über die Zahlen zu verschaffen.
Irgendwann kam dann die für mich erlösende Meldung.

»Sodala. Jetzt haben wir es. Also, wenn deine monatlichen
Kosten ...«, startete Klaus seinen Steuerberatermonolog.

Ich hatte keine Lust darauf und unterbrach ihn. »Klaus,
mach es kurz. Ich kann nicht mehr. Stimmen meine 1,67
Euro, oder stimmen sie nicht?«, fragte ich, leicht gereizt.

»Wie man es nimmt. Genau genommen, nein. Du musst
1,662 Euro veranschlagen.«

Wir mussten beide lachen. Mein Bauch. Mal wieder.

14

BLABLA BLAU-WEISS

Ich hatte nicht einmal mehr daran gedacht. Erst als ich zum Briefkasten ging und die bayerischen Löwen, die das blau-weiße Wappen stützen, sah, fiel es mir wieder ein: »Mensch, die Antwort vom Staatskanzleichef.« Auf das Gespräch, das ich mit ihm bei der Preisverleihung vom »Land der Ideen«-Wettbewerb hatte. Für die Verzögerung bei der Beantwortung bitte er um Verständnis, las ich, er unterstütze mein Projekt und das verfolgte Ziel dafür ausdrücklich. Er habe bereits die Minister für Wirtschaft und Finanzen, Martin Zeil und Georg Fahrenschon, informiert und ausdrücklich darum gebeten, sich für eine Förderung einzusetzen.

Ich war baff. Es klang nach einem Schritt nach vorn, à la »jetzt pack ma 's«. Ein Punkt meiner damaligen Anfrage, mich in Sachen Räumen zu unterstützen, war ja mittlerweile hinfällig. Deshalb war umso interessanter der zweite Punkt: eine Wirtschaftsförderung.

Ursprünglich hatte mich mein soziales Netzwerk auf die Idee gebracht, nach staatlichen Wirtschaftsfördermitteln zu suchen. Genauer gesagt, die Nörgler und Kritiker im World

Wide Web. »Klar kann man auf sozial machen, wenn man einen Haufen Geld hat«, hieß es immer öfter. Es verletzte mich, weil man mich so auf dieselbe Stufe mit den stinkreichen Vermögensnutznießern stellte, die für ihr Image ein bisschen auf Charity machen. Der Einsatz unseres gesamten Kapitals basierte und basiert bis heute auf ehrlicher Überzeugung. Aber das war diesen Meckerern nie zu erklären. Ein besonders hartnäckiger »Troll« aus München (so nennt man Nörgler auf Twitter) ließ überhaupt nicht mehr von mir ab. Überall brachte er an, ich täte nur sozial und würde mir hintenrum die Taschen voll machen. Weil diese Falschaussage wieder und wieder im Umlauf war, rannte ich wutentbrannt zu Stefan, der gerade mit Axel in einem Gespräch war. Ich bat Stefan, mir aus unserer Buchhaltungssoftware eine Einkommensbestätigung über meine Bezüge als manomama-Geschäftsführerin herauszulassen.

»Wozu soll das gut sein?«, fragte Stefan.

»Weil ich diesem unfairen Idioten endlich mal den Wind aus den Segeln nehmen möchte! Dann sieht er selbst, dass da überall seit Anbeginn eine dicke Null steht!«

»Sina, lass das«, sagte Axel, der sich eingeschaltet hatte. »Das hat überhaupt keinen Sinn. Neider gibt es überall. Wenn du das Formular auf Twitter veröffentlichst, wird er weitermachen. Er wird schreiben: ›Schaut mal, die Alte zahlt keine Steuern!‹«

Ich musste lachen. Axel hatte den Nagel auf den Kopf getroffen. Würde ich übers Wasser gehen, würde man sagen, ich könne nicht schwimmen. Mit diesem Zeitpunkt wuchs Gelassenheit in mir. Gegenüber Trollen und sonstigen unqualifizierten Honks, die es in den sozialen Netzwerken leider reichlich gibt.

Positive Aussagen wie: »Geht doch zur Regierung, ihr müsst eine Unterstützung bekommen, ihr seid doch so ein tolles Unternehmen!«, regten mich jedoch zum Nachdenken an.

Bis zu diesem Zeitpunkt war mir eine staatliche Unterstützung nie in den Sinn gekommen. Jetzt verbrachte ich einige Zeit damit, mir einen Überblick über mögliche staatliche Fördertöpfe zu verschaffen. Bereits kurz nach meinen Recherchen war mir klar: Deutschland ist ein Subventions-Eldorado für Mittelständler und Konzerne. Großartig. Unzählige Töpfe stehen Unternehmen zur Auswahl. So viele, dass die meisten Firmen es selbst nicht überblicken und deshalb für viel Geld eine Subventions-Consulting-Firma beauftragen. Diese Subventionsvermittler nehmen durchschnittlich zehn Prozent der Fördersumme für die Vermittlung.

Dass diese gesamte Subventionskultur nicht nur unterstützend wirkt, sondern sich doppelt und dreifach rechnet, erklärte mir ein Freund, der Senior-Partner einer solchen Vermittlungsagentur ist.

»Du, des geht aso. Do mochsd a Projekt, dann suach i dir den richtign Topf, griagst Kohle. Host es?«, sagte er.

»Nein, ich habe es noch nicht«, antwortete ich ehrlich.

»Also, ganz einfach. Du mochsd des Projekt ›Biohosn‹. Fia des griagst des Personal finanziert. Brauchst an Hochschulpartna, und ois is easy. Die richtign Leid kenn i. Der Trick is, du mochst zamma mit dera Hochschuln viere, fünfe Projekt. Biohosn, Biohemd, Biowoswoasi. Buachst des Forschungspersonal auf alle Projekt, san 500 Prozent Personalkostn und scho hosd die Firma finanziert.«

»Das ist Betrug«, erklärte ich erschrocken.

»Wos isn des Betrug, wanns olle machen? Des is doch nua gerecht«, verteidigte er sich.

»Spinnst du? Ich bescheiße doch nicht«, antwortete ich trotzig.

»Mei, Mädle, bist bled. Wearst schon noch schlau«, sagte er und überreichte mir seine Karte. Unachtsam verstaute ich sie in meiner Handtasche auf Nimmerwiedersehen. Das Thema Subventionen verschwand so schnell von meinem Radar wie mein alter Freund. Bis ich die Möglichkeit hatte, mein Anliegen direkt vorzubringen.

Fakt war, dass weder das bayerische Wirtschaftsministerium noch das bayerische Finanzministerium sich auch nur einmal gemeldet hatte. Meine telefonischen und schriftlichen Kontaktversuche waren stets unbeantwortet geblieben. Irgendwann hingegen meldete sich die Regierung von Schwaben. Eine äußerst freundliche Dame rief an und informierte mich über die »zahlreichen Fördermöglichkeiten für mittelständische Unternehmen«. Man würde sicherlich die passenden Töpfe finden. Dazu wäre es am besten, sich persönlich zusammenzusetzen. So legten wir einen Termin für ein Treffen fest. Weil ich kein weiser Mensch bin, lernte ich nicht aus meinen bisherigen Erfahrungen mit Behörden und Einrichtungen. Die Freundlichkeit der Bediensteten der Regierung von Schwaben ließ mich vergessen, einen Zeugen, also Klaus, zum Gespräch mitzunehmen. Meine Gegenseite war selbstverständlich nicht so treudoof. Statt eines Termins mit der freundlichen Dame hatte ich es mit dem staatlichen Vier-Augen-Prinzip zu tun. Auf einmal war nichts mehr von »Wir finden schon den richtigen Topf für Sie« zu hören. Regionale Wirtschaftsförderung in Form von finanzieller Unterstützung beim Kauf von Maschinen gäbe es zwar, dafür müsste man mindestens fünfundzwanzig neue Arbeitsplätze vorweisen können. Das aber müsste dann vor Beginn der Arbeitsplatzschaffung sein. Ich sei ja bereits mittendrin, stellten die beiden Beamten fest. Weiter erfuhr ich, dass man es wirklich löblich finde, mein soziales Engagement, dass das aber mein Privatvergnügen sei.

Wunderbar, die Großen kriegen es in den Arsch geschoben, und die Kleinen fallen durch alle Raster. Wie im richtigen Leben, dachte ich.

Wir beendeten unseren Termin professionell höflich. Während die Gegenseite das Gespräch wohl unter »Wir haben unsere von der Staatskanzlei auferlegte Pflicht erledigt« verbuchte, schrieb ich nicht nur diesen Termin ab. Ich wollte endgültig mit dem endlosen und nervenaufreibenden Geplänkel mit staatlichen Institutionen aufhören. Wollte. Wäre es nicht anders gekommen.

Der bayerische Landtag fand – im Gegensatz zur Staatskanzlei – mein Engagement nämlich wider Erwarten unterstützenswert. Dies ließ man mich über die Pressesprecherin des Landtags wissen. Mehr noch: Mein Projekt manomama würde, wie sollte es anders sein, mit einem Preis ausgezeichnet werden. Dem inzwischen achten. Ich musste bitter lachen.

Um ehrlich zu sein: Ich nahm den vierten Platz des bayerischen Bürgerkulturpreises an, weil damit ein Preisgeld in Höhe von 2500 Euro verbunden war. Diese legte ich kurz nach der Verleihung in einem schönen Fest für meine Ladys an. Schließlich sollte feiern, wer arbeitet.

Nach der Preisübergabe hatte ich die Gelegenheit, einige Worte mit der Landtagspräsidentin Barbara Stamm zu wechseln. Eine geradlinige, durchsetzungskräftige Frau, wie mir schien. Sie sicherte mir ihre Unterstützung zu. Das kam mir bekannt vor. Ich informierte sie darüber, dass ich diese Worte schon zu oft gehört hätte und, sie möge mir verzeihen, nicht mehr viel darauf gäbe. Als Beispiel nannte ich ihr das Versprechen des Staatskanzleichefs, mich mit dem Finanz- und Wirtschaftsministerium zusammenzubringen.

»Das kriegen wir schon hin«, versprach sie.

Einige Wochen später erhielt ich tatsächlich einen Termin im Landtag. Am Tisch saßen neben der Landtagspräsidentin die Staatssekretäre für Finanzen sowie Soziales, darüber hinaus die Pressesprecherin und ich.

Man wollte hören, wo »der Schuh« drückt und wie die verantwortlichen Ministerien helfen könnten. Die Wirtschaft saß übrigens nicht am Tisch. Bis heute nimmt dieses Ressort uns »Tendenzunternehmen« – die freundliche Umschreibung für Sammelsurium von Kandidaten für den fünften Arbeitsmarkt – nicht ernst und wahr.

Franz Josef Pschierer (Finanzen) und Markus Sackmann (Soziales) waren jedoch zugegen. »Gesprächsbereit«, wie man mir mitteilte. Aber sie ließen nicht mit sich reden. Natürlich wisse man davon, dass viele Arbeitslose in Statistiken durch Maßnahmen versteckt würden. Nur, gab mir Herr Sackmann als Erklärung, was in einer Statistik nicht erfasst wäre, würde politisch nicht existieren. Wenigstens ehrlich ist er, dachte ich. Auch Herr Pschierer war »ganz meiner Meinung«. Er betonte, dass es selbstverständlich bekannt sei, dass man durch Arbeitslosenprojekte Weiterbildungskarrieren fördere und keine echte Arbeit. Natürlich sei in seinen Augen hier deutlicher Bedarf an Änderung.

Aber.

Richtig, aber. Es fiele ja überhaupt nicht in ihre jeweiligen Zuständigkeiten, dessen waren sich die Herren sicher. Weder in die der Finanzen noch die des Sozialen. Ich sollte es doch mal in der Wirtschaft versuchen. Ach ja, und es täte ihnen wirklich aufrichtig leid, dass sie nicht mehr tun könnten. Aber schön, dass wir darüber geredet hätten. Der Finanzstaatssekretär verabschiedete sich frühzeitig mit dem Hinweis, er sei sehr eingebunden. Anschließend löste sich die gesamte Runde auf.

Die Pressesprecherin versuchte mich nach diesem Termin zu trösten und bestärkte mich im Weitermachen. Sie würde zusammen mit der Präsidentin das Thema weiterverfolgen und an den richtigen Stellen ein gutes Wort einlegen.

»Das ist sehr lieb von Ihnen«, antwortete ich. »Nur: Ich habe keine Zeit für politische Spielchen. Ich muss meine Kraft in das Schaffen von fünfunddreißig neuen Arbeitsplätzen stecken!«

Sie nickte mir verständnisvoll zu.

15

KEINE HEIZUNG, KALTE FÜSSE

Viermal verschoben wir den Einzug in die neue Halle. Der Vormieter war nämlich auf ganz spezielle Art und Weise ausgezogen: Nicht nur, dass er sein Hab und Gut mitgenommen hatte. Auch Stromleitungen und Steckdosen waren von ihm kurzerhand eingepackt worden. Inventar, das nicht eingepackt werden konnte, wurde mutwillig beschädigt. Meine Vermieter, die den detaillierten Zustand ihres Eigentums nicht kannten, halfen uns tatkräftig, die Grundinstallationen zu erneuern. Zudem musste die Heizung eingebaut werden. Die gesamten Bauarbeiten nahmen ihren Lauf, doch es dauerte länger als geplant. Viel länger. Zu lange.

Langsam wird das wirklich knapp, dachte ich. Es war Mitte Februar 2012. Zehn Wochen blieben uns noch bis zum Liefertermin. In Kürze würden bereits die Stoffe geliefert. Die notwendigen Maschinen waren längst da. Aber auch hier gab es große Probleme. Raffi, mein Maschinentechniker, kümmerte sich zusammen mit einem Freund von ihm um den Aufbau der in Einzelteilen gelieferten Nähmaschinen. Geplant waren fünf Tage für den Aufbau. Gedauert hat die Aktion viermal so lange.

»Sina, es geht nicht schneller«, rechtfertigte sich Raffi. »Schau selbst. Wir haben hier Minusgrade in der Halle. Mit den dicken Handschuhen dauert der Aufbau einer Maschine einen halben Tag. Und länger als sieben, acht Stunden kann man in der kalten Hütte nicht arbeiten!«

Zudem fehlte noch ein ganzer Schwung Maschinen, die Riegelmaschinen. Mit diesen wird eine Naht auf die Henkel gesetzt, sodass diese sicherheitsverriegelt werden und einer besonderen Zuglast standhalten. Die wichtigsten Maschinen quasi.

»Die hängen immer noch auf dem Schiff, unbestimmter Liefertermin«, erklärte Raphael.

Darüber hinaus wurden die fünfunddreißig Damen nervös. Immer wieder wurden sie über einen neuen Starttermin von uns unterrichtet. Ich bat Miriam, sie regelmäßig anzurufen und »bei Laune zu halten«, merkte aber bald an ihrer Reaktion, dass es nicht mehr ging.

»Sina, deine Ladys haben das Gefühl, du verarschst sie. Sie haben sich so gefreut, und nun denken sie, sie werden hingehalten. Eine hat mir erzählt, sie hätte angenommen, wir wären anders. Und nun würde man sie nur vertrösten.«

Obwohl ich überhaupt nichts dafürkonnte, hatte ich ein verdammt schlechtes Gewissen.

»Wenn sie mir nicht glauben, dann sollen sie es selbst sehen«, entschied ich.

Die Wahrheit war immer der beste Weg, und so lud ich alle, die mit mir in diese Hallen einziehen sollten, zu einem sonntäglichen Kennenlern-Kaffee in den noch nackten Betonbunker ein. Bei Krapfen und Tee plauderten wir gemeinsam, und ich konnte regelrecht sehen, wie sie wieder Sicherheit bekamen. Sicherheit, dass sie in diesen Räumen arbeiten würden. Das beruhigte. Meine Ladys und mich.

Das erste Treffen in den zukünftigen Hallen war aber auch für mich wichtig. Ich interessierte mich für ihre Wünsche und Vorstellungen. So verteilte ich kleine weiße Kärtchen an alle und gab ihnen als Aufgabe, mir die drei wichtigsten Wünsche an ihre zukünftige Arbeitsstelle mitzuteilen. Am Ende des Zusammentreffens sammelte ich die Kärtchen ein und nahm sie mit nach Hause.

Bei einem Glas Wein begann ich, die einzelnen Karten zu lesen. Mit jedem kleinen Zettel wurde ich trauriger, weil die geballte Realität zuschlug. Ich musste erkennen, dass ich zu meiner Werberzeit in einer völlig überzogenen Welt gelebt hatte. Suchte Stefan beispielsweise einen guten Programmierer, so brachte der Bewerber in Zeiten des Fachkräftemangels in dieser Branche eine lange Liste an Forderungen mit. Ich erinnere mich an einen IT-Bewerber in der Agentur. Neben coolen Projekten bei null Verantwortlichkeit und überzogenem Salär forderte er »mindestens zwei Bildschirme am Arbeitsplatz«, ein kostenloses iPhone und als Begrüßungsgeschenk ein MacBook. Die Wünsche meiner Ladys hingegen waren ungleich anders. Nirgendwo fand ich überzogene, gar unverschämte Wünsche. Im Gegenteil: Auf siebenundzwanzig Kärtchen war der Punkt Arbeit notiert. Bei den Älteren unter ihnen fanden sich Zusätze wie »bis zur Rente«, bei den alleinerziehenden Müttern öfter »die mit meinen Kindern vereinbar ist«.

Mehrfach las ich die Kärtchen durch, aber das Ergebnis änderte sich dadurch nicht: Meine Ladys wünschten sich nichts mehr als Arbeit. Möglicherweise eine, die Spaß bereitete. Und gerne vereinbar mit der Familie sein dürfe. Mehr nicht. Kein MacBook. Kein iPhone. Hallo, echte Welt.

In eigener Sache

Was in den darauffolgenden zehn Wochen passiert ist, was ich gemeinsam mit unzähligen Helfern auf die Beine gestellt habe, nennen Menschen mit Hang zur Romantik ein Märchen. Doch es waren verflixte zehn Wochen. Es waren für mich siebzig Tage, die ich in meinem Leben nie mehr vergessen werde. Mein Schlaf verringerte sich von vier Stunden täglich auf zwei. Am Ende verzichtete ich gänzlich darauf. Weil keine Zeit dafür war. Meine Haare wurden grau, und meine Haut wurde fahl und alt. Mein Körper rebellierte, und ich ignorierte es. Es blieb mir nichts anderes übrig. Ein Zurück wäre undenkbar gewesen.

Als junges Mädchen verbrachte ich einige Zeit in einem katholischen Mädcheninternat. Dort lehrte man uns, unsere Grenzen anzuerkennen und innerhalb dieser zu agieren. Das, was in den nächsten Wochen passierte, verschob alles.

Noch neun Wochen bis zur Lieferung

Die Heizung war endlich installiert, und Roger, Inhaber einer Schreinerei, brachte die Tische, die ich bei ihm in Auftrag gegeben hatte. Raffi schraubte die letzten Maschinen zusammen, und Stefan, einige Freunde und ich zogen tagelang Stromkabel. Die dicken, schweren 380-V-Leitungen. Axel und die anderen Programmierer unserer Agentur verbrachten Tage damit, sorgsam die Leitungen mit den Steckdosen zu verkabeln. Eine nach der anderen. Über den Tischen installierten wir Tageslichter, um beste Sicht zum Nähen zu haben. Bis tief in die Nacht schraubten, zogen und schliffen wir. Nach jedem Tag waren wir ein Stückchen weiter, aber man sah es nicht. Zudem musste die Heizung erst eine grundlegende Wärme in den Hallen verbreiten, was über zwei Wochen dauerte. So fielen viele Helfer der Reihe nach aus. Am Ende blieb ein harter Kern, der, zugeschüttet mit Erkältungspillen und Salbeitee, die Hallen betriebsbereit gestaltete.

Als wir am Samstagabend in der Woche neun die letzten Handgriffe machten, schrie ich vor Freude und lud alle zum Essen ein. Niemand aber nahm die Einladung an. Ich verstand sofort, warum. Wir gehörten alle ins Bett. Auskurieren. Und so geschah es.

Mich trieb am nächsten Morgen Raffi aus dem Bett.

»Sina, wir müssen die Schneidemaschine aufbauen, die liegt noch da.«

Mit müden Knochen schleppte ich mich in die Hallen, und wir begannen, den zehn Meter langen Tisch aufzubauen. Darauf wollten wir eine Abschneideeinrichtung für Stoffbahnen setzen. Keine große Arbeit, wäre die Aufbauanleitung auf Deutsch gewesen. Die chinesischen Schriftzeichen und das Fehlen von Explosionszeichnungen gestaltete die Sachlage deutlich schwieriger. Irgendwann schmiss Raffi die Flinte ins Korn und sagte, dass es so nicht funktionieren könne.

»Raffi, es muss funktionieren. Ohne Abschneidevorrichtung geht hier nichts. Wie sollen wir die einzelnen Stofflagen legen?« Ich sah ihm an, dass er fertig war – und schickte ihn nach Hause. Ich hingegen verbrachte nicht nur den kommenden Abend, sondern die gesamte Nacht in diesen immer noch kalten Hallen. Aber: Morgens um halb sechs lief die Abschneidevorrichtung.

Lohnt sich überhaupt nicht mehr, nach Hause zu fahren, überlegte ich. Also steuerte ich den Bahnhof an, gönnte mir dort einen Milchkaffee und machte mich anschließend weiter auf den Weg in die Manufaktur im Franzosenhof, um den Nähern die Werkstatt aufzusperren und, wie jeden Morgen, einen Kaffee mit ihnen zu trinken.

»Dafür, dass du heute gut ausgeschlafen sein müsstest, siehst du ziemlich müde aus«, begrüßte mich Suley.

Statt einer Antwort lächelte ich nur.

»Heute fangt ihr drüben an, oder?«, fragte er weiter und schob mir eine Tasse mit heißem Kaffee zu.

»Ja.« Ein Blick auf die Uhr verriet mir, dass ich losmusste.

Noch acht Wochen bis zur Lieferung

Es war noch über eine halbe Stunde Zeit bis zum Arbeitsbeginn des ersten Tages, und dennoch war ich nicht die Erste. Vor der neuen Halle standen bereits über zwanzig Damen. Besser gesagt: Sie standen um Hilde. Um jenen Menschen, den mir der Himmel geschickt hatte.

Als ich vor einigen Wochen die Teams ausgewählt hatte, war ich zufrieden, aber skeptisch. Was mir komplett fehlte, war jemand, der Erfahrung hatte im Aufbau einer Näherei. Im Anleiten und Lehren von Menschen. Dann trat Hilde durch die Manufakturtür. Dem Äußeren nach ist Hilde das, was man in Bayern unter einem gestandenen Weibsbild versteht: ordentlich Hüftspeck ziert ihre Figur und verleiht ihr gleichzeitig Stärke. Ihre Haare, die sie sich stets selbst schnitt, weil niemand es ihr recht machen konnte, lagen perfekt gewellt und tipptopp getönt in Form. In ihrem Gesicht liest man ein bewegtes Leben. Im Geist hingegen ist Hilde eine Grande Dame: feinfühlig, gutmütig und besonnen.

»Hallo«, sagte sie. »I hob im Internet glesen, doss ihr a Näherei aufmochn woid. Sakra hob i docht, des is doch wos fier mi.« Und dann erzählte sie von ihrem bisherigen Leben. Das Leben einer Sechzigjährigen. Davon fünfundzwanzig Jahre als Inhaberin einer eigenen, zwanzigköpfigen Näherei. »Des war bei uns aso. Meine Schwestern und i homm a alle a Näherei ghobt, olle viere.« Die letzten zehn Jahre hatte sie nach einem schweren Autounfall damit verbracht, in einem kleinen Dorf für Rentner Hosen zu kürzen und Röcke zu weiten. »Perlen vor d'Säu. Und jetzt meacht i no amol durchstartn!« So viel Lebensmut, so viel Elan hatte mir imponiert – und ich stellte sie umgehend als Nähereileiterin ein.

Gemeinsam betraten wir unsere neuen Arbeitshallen, und die staunenden Gesichter waren Medizin für mich. Im Nu vergaß ich all den Stress, all die Arbeit und die investierte Kraft. Innerhalb eines Augenblicks wurde mir bewusst, wofür ich mich, wofür wir alle uns geschunden hatten: für diese Frauen. Für die Ladys, die über zwei Monate darauf hatten warten müssen, ihren Arbeitsplatz antreten zu können.

»Guten Morgen, Ladys«, begann ich meine erste Ansprache.

»Morgen, Sina«, schallte es begeistert zurück.

»Also. Jetzt geht es richtig los. Ihr wisst, wir haben ein tolles Projekt, die Taschen, und diese müssen wir nähen. Wir fangen aber ganz langsam an, damit die erfahrenen Näherinnen unter euch sich an die neuen Maschinen gewöhnen und die Ladys, die noch nie an einer Maschine saßen, es lernen können.«

Begeistertes Klatschen. Überhaupt herrschte in der dritten Halle, der riesigen, in der wir uns jetzt befanden, eine unbeschreibliche Stimmung. Freude und Aufregung konnte man förmlich einatmen.

Hilde und ich teilten die Posten ein. Wir hatten uns vorher schon Gedanken gemacht, wer auf welcher Maschine gut sein könnte. Es gab den Zuschnitt, Helferinnen, die Overlocker, die Stepperinnen und die Rieglerinnen. Der Zu-

173

schnitt versorgte die Näherinnen mit Teilen, die Helferinnen drehten zusammengenähte Taschen um. Overlocker waren dafür verantwortlich, mit einer Overlockmaschine zwei Taschenteile zu einem Beutel zusammenzunähen. Die Aufgabe der Stepperinnen: den Saum oben umnähen und dabei Henkel einfassen. Die Rieglerinnen sicherten mit einem gezielten Stich die vier Henkel.

»Ladys, wir müssen einfach üben, üben, üben.«

Mitten in meine Ansprache platzte Raffi herein, weil er noch an einigen Maschinen Füße austauschen musste. Auf einmal fiel er Gerda, einer meiner neuen Mitarbeiterinnen, um den Hals, und wir erlebten Wiedersehensfreude. Während die Ladys an ihre Maschinen gingen, kam Raffi zu mir und verriet mir: »Boah, Mäusle, die Gerda. Super, eine hammermäßige Näherin. Die musst du anleiten lassen. Die hat was drauf!« Ich wunderte mich nicht, dass Raffi einige meiner Damen kannte. Schließlich ist er ein Urgestein der regionalen Textilwirtschaft. Er war in Zeiten der aktiven Industrie Mechaniker in vielen Firmen. Als diese pleitegingen, hielten viele Näherinnen ihm dennoch die Treue: Sie kauften ihren Nähbedarf in seinen Läden, die er neben seinem Mechanikerleben betrieb. Dadurch kannte er auch sie: Gerda. Die siebenundvierzigjährige alleinerziehende Mutter zweier Kinder ist Damenschneidermeisterin. Stets perfekt gekleidet und sehr angenehm im Ton repräsentiert sie ihr Handwerk. »Ich kann doch nicht daherlaufen wie das Letzte, ich bin Damenschneidermeisterin. Das muss man bereits am Kleid sehen«, ist Gerdas Devise. Obgleich sie sehr fein in ihrer Art ist, packt Gerda mit an. Jahrelang war sie Musternäherin in den besten Trachtenhäusern. »Aber immer, wenn ich mich gerade eingelebt hatte, ist es mit ihnen zu Ende gegangen«, erzählte sie. Am Ende versuchte sie, sich und ihre Familie mit Änderungsarbeiten über Wasser zu halten. »In einer Großstadt wäre das vielleicht einfacher gegangen, aber bei mir draußen auf dem Dorf kann man nicht davon leben. Und schon gar nicht mit zwei Kindern.« Ihre Biografie hatte auch dazu beigetragen, dass ich mich für Gerda entschieden hatte. Dass sie auch herausragend näht, durfte ich am eigenen Leib erleben. Mein erstes (und einziges) Dirndl stammt aus ihren Händen. Und ich halte es in Ehren.

»Ich habe schon jemanden, die Hilde«, sagte ich und zeigte auf sie.

»Was, die da drüben?«, fragte Raffi. »Na, des seh ich auf den ersten Blick, des wird nichts.«

»Von wegen«, verteidigte ich Hilde und meine Entscheidung. »Hilde ist großartig!«

»Dein Wort in Gottes Gehörgang«, sagte er und verzog sich zu den Maschinen.

Ich dachte nach. Bisher war ich mit den Ratschlägen von Raphael Wilhelm immer gut gefahren. Was ist, wenn er doch richtig liegt? Den Aufbau der Produktionshallen konnte ich unmöglich allein stemmen. Also entschied ich mich für den diplomatischen Mittelweg. Ich nahm Hilde und Gerda beiseite und bat Letztere, Hilde und mich tatkräftig zu unterstützen.

»Du, Hilde, übernimmst die Overlocker, Gerda die Stepperinnen, und ich kümmere mich um Zuschnitt und Rieglerinnen. Was meint ihr?«

Anstelle empörter Worte erhielt ich zwei Lächeln.

»Homma scho ausgmacht. Hob glei gsehn, dos die Gerda des draufhod«, sagte Hilde.

Gerda blickte zufrieden.

»Na, dann, an die Arbeit!«

Und wir legten los. Die erste Arbeitswoche war der reinen Übung gewidmet. Schließlich hatte ich einen Plan gemacht.

»Erste Woche: üben. Ab der zwoatn koa Problem. Is ja koa

Hexnwerk, die Guggn. Do genga Fünfe raus am Dog«, erklärte Hilde im Brustton der Überzeugung.

»Das würde ja passen«, erwiderte ich. »Dann hätten wir sieben Wochen mit 25 000 Stück die Woche. Heiße Nummer, aber machbar.«

»Freili. Koa große Sach. Wos is'n do scho dabei. Oa Nohd rum, oa Nohd obn, Henkel eini und Riegel drauf! Des ko jeda.« Hilde bestätigte meine Rechnung. Und meinen Plan.

Die nächsten vier Tage hieß es: Säume, Schließnähte, Riegel. Riegel, Schließnähte, Säume. Der Nähsaal glich weniger einer Näherei als vielmehr einem Spielplatz, auf dem stundenlang die »Reise nach Jerusalem« gespielt wurde. Immer wieder tauschten wir Plätze, schraubten Hilfsmittel wie Führungslineale an die Maschinen, Lupen über die Maschinen oder klebten Orientierungstapes an die Tischplatten.

Es half nichts, aber eine junge Dame mussten wir bereits nach einem Tag nach Hause schicken, weil sie sich weigerte, ihre fünf Zentimeter langen Fingernägel zu kürzen.

»Die Fingernagel-Mausi hod 'n Dachschodn. I hob ihra gsogt, so konns neda riegln. Entweda die Nägel auf oan Zentimeta schnaidn oda aufhearn. Und, wos mochd's? Packt ihr Zeigl und haut ob.« Hilde war sauer.

Während ich tagsüber mit den Ladys in der neuen Textilfabrik übte, traf ich mich abends mit Miriam, wir planten die Arbeit in der nach wie vor existierenden Manufaktur. Nachts tüftelte ich neue Hilfsmittel aus.

Das Fazit der ersten Arbeitswoche war dennoch ernüchternd.

»Mit der Gurkntruppn? *Niemals!*«, urteilte Hilde energisch. »Der Zuschnitt kimmt ned amoi mit Streifenschneiden noch, die Overlocker? Totalausfall. Stepper san über-

fordert mit oana gradn Nohd, und die Riegler kimma über-
haupt ned zum Zug, weil d'Maschina fehln.«
Wir saßen schweigend beieinander.
»Es hilft alles nichts, wir müssen da durch«, sagte ich.
»Kloar, aba wia?« Hilde ließ die linke Hand abfällig krei-
sen. Die Geste war typisch für sie.
»Ich weiß es nicht. Ich weiß nur, dass wir ab Montag pro-
duzieren müssen. Laut Plan.«
Hilde brach in schallendes Gelächter aus. Genau jenes Ge-
lächter, das zwischen Wahnsinn und Verzweiflung anzusie-
deln ist. Dann verstummte sie abrupt.
»Der Rolf, mei Mitbewohna, hod recht. Hilde, hod er
gsogt, spinn di aus, hod er gsogt. Des is Harakiri. A Spui-
zeigfirma mit echtem Geld und echte Leit.«
Wieder sahen wir uns schweigend an. Dann sagte ich ihr:
»Weißt, was wir nicht machen?«
»Wos?«
»Aufgeben!«

Noch sieben Wochen bis zur Lieferung

Die zweite Arbeitswoche begann. Mittlerweile entschlossen
sich die Ladys, morgens um sechs anzufangen. Acht Uhr –
mein Vorschlag für den Arbeitsstart – war den meisten zu
spät. So zwang ich mich nun immer um halb fünf aus dem
Bett, fuhr zunächst in die neuen Hallen und schloss auf. Ein
morgendlicher Sechs-Uhr-Kaffee mit Hilde wurde bereits
nach kurzer Zeit zur Tradition. Gerda hingegen kam weiterhin etwas später, schließlich musste ihr Sohn in die Schule
gebracht werden. Anschließend fuhr ich in die Manufaktur,
öffnete für die dortigen Näher die Werkstatt, trank ebenfalls
einen Kaffee und plante mit Suley die Aufgaben. Mit jedem

Tag wurde ich stolzer auf Suley. War er einst als Näher eingestellt worden, entwickelte er sich mehr und mehr zum Allround-Talent. Ich konnte mich blind auf ihn verlassen.

»Wie läuft es?«, fragte er mich jeden Morgen.

»Frag nicht«, war meine Standardantwort.

Suley lächelte mitleidig und verabschiedete mich mit einem »Wird schon.«

Dann kehrte ich zurück in meine »Hall of Shame«, das wurde der interne Arbeitstitel. Er rührte daher, dass Hilde immer mehr am Verzweifeln war.

»Sina, komm mal her«, fing mich bereits an der Tür Rosi ab, als ich wieder einmal in die Halle zurückkehrte.

»Was ist los?«, fragte ich. Ganz aufgelöst stand die sonst so resolute Person vor mir. Sie war richtiggehend wütend. Bösemine statt Gutemine, dachte ich.

»Sina, ich bin mein Leben lang Näherin. So eine freundliche Chefin wie dich habe ich noch nie gehabt. Manchen tut das aber hier nicht gut. Die meinen, sie können hier machen, was sie wollen. Die verwechseln soziales Unternehmen mit bezahltem Urlaub. Du musst mal ordentlich auf den Tisch hauen. Dann läuft das hier, wirst sehen!«, empfahl mir Rosi.

»Das ist nicht meine Art«, versuchte ich zu erklären.

»Dann musst du das lernen. Und zwar *jetzt!*«

Die Verwunderung stand mir bestimmt immer noch im Gesicht, als Hilde zu mir trat und mich um ein Gespräch bat. Wir setzten uns in eine Ecke, und sie erzählte mir von dem morgendlichen Vorfall, der Rosi wohl so energisch hatte werden lassen (inzwischen war diese wieder an ihren Arbeitsplatz zurückgekehrt). Hilde hatte am Tag zuvor die Stepperinnen auf Zeit nähen lassen, um zu sehen, wo wir standen. Eine Rädelsführerin hielt alle an, nicht mehr als dreizehn Säume in einer halben Stunde zu schaffen. Dann sollten die Näherinnen ihre Ergebnisse auf einem kleinen Stück Papier vermerken. Mit Namen. Am Morgen hatte Hilde die Zettel eingesammelt. »Mi hod der Schlog troffn. Olle, selbst Gerda, dreizehn Säume. Do brauchma bis 2014 fia de Toschn.« Dann aber sei eine der Ladys zu ihr gekommen und habe sich entschuldigt, dass sie bei dieser dämlichen Sache mitgemacht hätte. Eigentlich wäre sie dreimal so schnell, wollte aber keine Spielverderberin sein. Gerda wurde ebenfalls von Hilde zu diesem »Vorfall« befragt. Völlig verdutzt habe Gerda ihr mitgeteilt, dass sie überhaupt nicht am Zeitnähen teilgenommen hätte. »Do bin i hellhearig gworn«, erzählte Hilde weiter. Rosi sei es dann gewesen, die Ordnung in dieses Chaos gebracht hätte. Sie erzählte ihr, dass eine Näherin alle anhielt, sich für 10 Euro die Stunde »kein Bein auszureißen«.

»Was?«, fragte ich ungläubig. »Ich habe doch extra meine Ladys gefragt, was sie verdienen möchten. Und sie sagten diesen Lohn.« Ich war stinksauer. »Von mir aus können sie auch 20 Euro die Stunde haben. Aber irgendjemand muss das doch verdienen!« Ich war am Boden zerstört.

»Mach dir koine Sorgn. Die Rosi hod dann Luft neiglassn!«, schilderte Hilde weiter. So berichtete sie von Rosis großem Auftritt und ihren pathetischen Worten. Für 8,50 Euro habe sie sich jahrelang in einer Wäscherei geschunden, bis sie im eigenen Schweiß gestanden hätte. Dass der Stundenlohn hier mehr als fair sei und alle im Saal nicht einmal annähernd bewiesen hätten, ihn auch zu verdienen, habe Rosi geschrien. Und dass sie hier bis zur Rente und darüber hinaus arbeiten wolle und sich diesen Arbeitsplatz nach jahrelanger Arbeitslosigkeit von niemandem kaputtmachen lassen würde.

Ich war baff. Zum einen über die Dreistigkeit der Drahtzieherin, aber ebenso positiv überrascht über Rosi. Hilde schloss ihre Erzählungen, dass immer mehr sich entschuldigt hätten und ihren Fehler einsahen.

»Jetzt verstehe ich auch, warum Rosi mich bat, durchzugreifen. Das werde ich tun. Für das Team«, entschied ich.

»Muasst du. Der Giftzahn muass weg«, bestärkte mich Hilde.

Ich rief die Ladys zu mir und bat sie, einen Stuhlkreis zu machen. Übermüdet, fertig und dennoch entschlossen hielt ich eine Ansprache. Ich sprach über die kleinen Fortschritte, die wir erreicht hätten. Über Müll, der bitte getrennt werden solle, schließlich seien wir auch ein ökologisches Unternehmen. Ganz am Ende atmete ich tief ein und sprach aus, was mir am schwersten fiel:

»Und dann bitte ich dich«, dabei sah ich die Rädelsführerin an, »deine Sachen zu packen. Nimm deine Tasche, dein Sitzkissen und verlasse unsere Halle.«

Schweigend kam die Dame meiner Aufforderung nach. Ich hingegen löste wortkarg den Stuhlkreis auf und verschwand in meinem Büro. Ein kahler Raum. Die Zeit, Möbel dort einzustellen, hatte ich bis dahin nicht gehabt. Völlig ermattet sank ich auf den Boden und begann zu weinen. Es war das erste Mal, dass ich in meinem unternehmerischen Leben einem Menschen gekündigt hatte. Diese Situation überforderte mich emotional. Vielleicht, weil auch alles zusammenkam: meine Müdigkeit, meine Kraft, die zusehends nachließ, obgleich wir erst am Anfang waren. Meine Euphorie gegenüber diesem Projekt, die angesichts der aufkeimenden Angst immer kleiner wurde. Mein Traum einer sozialen Firma, der sich gerade in Luft aufzulösen schien, weil die Menschen nicht bereit waren, meine Idee mitzuleben. Der zähe Fortschritt in Sachen Produktion und, am schlimmsten, das dauernde Gefühl, alleine zu sein. Seit meinem neunzehnten Lebensjahr teile ich mit Stefan Tisch und Bett, wir leben zusammen und arbeiten zusammen. Und nun sah ich ihn, wenn überhaupt noch, schlafend. Ebenso verhielt es sich mit meinem Sohn. Dass ich mir um beide keine Sorgen machen musste, wusste ich. Schließlich sind meine Männer ein eingeschworenes Team. Stefan kümmerte sich rührend um den Filius und hielt mir stets den Rücken frei. Dennoch: Ich vermisste beide so sehr. Und Miriam. Auch sie fehlte mir. Obwohl die beiden Standorte nur einen Kilometer voneinander entfernt waren, es war ein Kilometer zu viel.

In diesem Augenblick klingelte das Telefon. »Ja?«, sagte ich mit stockender, belegter Stimme, als ich den Hörer abnahm. Miriam war am anderen Ende der Leitung.

»Was ist los mit dir?«, fragte sie besorgt. »Du hörst dich so seltsam an.«

»Ach, nichts«, überspielte ich.

»Das glaube ich nicht.«

Keine Viertelstunde später saß sie bei mir in den kahlen vier Wänden. Ich erzählte ihr alles, auch von der Kündigung.

»Das hast du absolut richtig gemacht«, sagte Miriam.

»Aber es fühlt sich für mich nicht richtig an.«

Aus diesem Erlebnis zog ich zwei Erkenntnisse, die mein Projekt und mich persönlich um viele Schritte weiterbrachten. Ich begriff meine größte Schwäche: meine uneingeschränkte Gutmütigkeit gegenüber dem Einzelnen, sodass sie zu Lasten eines Teams gehen kann. Um dem vorzubeugen, übertrug ich Miriam die gesamte Entscheidungsgewalt für die Belegschaft. Sie ist ebenso verständnisvoll und fair wie ich, lässt sich aber nicht an der Nase herumführen.

Die zweite Erkenntnis erfuhr ich, als ich nach meiner Ansprache zurück in die Produktionshalle mit der großen Glasfront, die Nähhalle, zurückkehrte. Irgendetwas war anders. Meine Ladys waren wie ausgewechselt. Auf einmal waren sie konzentriert am Arbeiten. Es sah sogar nach richtigem Nähen aus. Das ewige Geschnatter unter ihnen, das chaotische Herumlaufen, die Unruhe – alles war auf einen Schlag weg. Ich ging durch die Reihen, und jede einzelne Mitarbeiterin lächelte mich an. Ich verstand die Welt nicht mehr. Als ich bei Rosi ankam, zupfte sie an meinem Kleid, und ich beugte mich zu ihr.

»Siehste, Sina«, sagte sie leise. »Keiner wollte sich von der doofen Tussi herumkommandieren lassen, aber niemand traute sich, etwas zu sagen. Jetzt hast du sie rausgeschmissen und für Ordnung gesorgt. Du hast wieder Ruhe reingebracht.« Ich wollte etwas dagegensetzen, aber Rosi fuhr fort: »Sina, das muss so sein. Ein Chef macht das so. Für seine Mitarbeiter.«

Bis heute bin ich Rosis klaren Worten unendlich dankbar, denn sie machte aus mir, einer ehemaligen Geschäftsführerin einer Werbeagentur, eine Textilfabrikantin. Der Umgang in einer Werbeagentur ist anders. Meine Ladys wollten keine Freundin. Oder, besser gesagt: nicht nur. Sie wünschten sich eine Chefin, die freundlich ist. Eine, die mitten unter ihnen sitzt und mitnäht und trotzdem genügend Durchsetzungskraft zeigt, wenn es unangenehme Dinge zu klären gibt. Diese ließen natürlich nicht lange auf sich warten.

Noch sechs Wochen bis zur Lieferung

Die Näherinnen wurden immer besser, doch schon bald zeigte sich unser nächstes großes Problem: der Zuschnitt. Wir hatten dafür ja extra einen zehn Meter langen Tisch aufgebaut, mit Abschneidevorrichtung für die Stoffbahnen. Über diese Vorrichtung zogen zwei Ladys den Stoff, schnitten ihn am Ende ab und legten die nächste Bahn darauf. Rund hundert Bahnen wurden so übereinandergestapelt.

Anschließend wurden Schablonen der Taschenform aufgezeichnet, mit einem sogenannten Stoßmesser grob ausgeschnitten und mit einem Bandmesser fein zugeschnitten.

»Warum soll der Zuschnitt nicht funktionieren?«, fragte ich säuerlich.

»Weil des ned geht«, sagte Hilde. »Die Legerinnen schaffen mit Ach und Krach zweitausend Taschen am Dog. Nach zwoa Stunden sans oba fix und fertig. Der Zuschnitt kimmt sowieso ned hinterher.«

»Wie viele Taschen nähen wir derzeit am Tag?«

»Haks ob. Tausend. Der Liefertermin is auf keinen Fall zu holtn. Kunnst vergessn. Do muass a Wunder her!«

»Das geht nicht, Hilde. Wir müssen das schaffen. Du weißt ja: Wunder muss man selber machen.«

»Jo, dann fang scho an mim Wunderbackn.«

Wer backen will, braucht ein Rezept, dachte ich. Und so schmiedete ich einen weiteren Plan.

Am nächsten Morgen trank ich wie immer nach dem Aufsperren der großen Produktionshalle in der kleinen Manufaktur mit den dortigen Mitarbeitern einen Kaffee. Diesmal aber besprach ich die Arbeitsabläufe mit Monika (wir haben viele Monikas, und die Monika in der Manufaktur ist nicht die Hundertschafter-Monika) und Gertrud. Suley bat ich, mit mir in die andere Halle zu kommen.

»Suley, ich brauche einen erfahrenen Näher. Einen, der den Ladys da drüben mal zeigt, wie effizientes Arbeiten geht«, erklärte ich.

»Endlich fragst du«, sagte Suley. »Du siehst mittlerweile so, verzeih, furchtbar aus. Ich wäre in den nächsten Tagen sowieso hinübergekommen. Jemand muss auf dich aufpassen.«

Ich war völlig gerührt über seine Worte, und Tränen kullerten mir über die Wangen. Eigentlich bin ich überhaupt keine Heulsuse. Während dieser Zeit aber benötigte ich eine ganze Menge Taschentücher. Er drückte mich, klopfte mir auf die Schulter, nahm seinen Rucksack und sagte: »Packen wir es. Zusammen haben wir immer alles geschafft.«

Mit Suley zog ein völlig neuer Wind in die Halle. Während Hilde den Ladys das Handwerkszeug vermittelte, brachte Suley Tempo in die Sache. Schließlich waren die Damen dadurch herausgefordert, dass ein Mann schneller nähen konnte als sie. Das ließen sie nicht auf sich sitzen. Der Wettbewerb war eröffnet, und ich konnte mich um das dringendste Problem, den Zuschnitt, kümmern.

Die Ladys, die den Stoff legten, jammerten immer lauter. Mehr als zwei, drei Stunden könne man den Job nicht machen, so anstrengend sei er. Das wollte ich selbst wissen. Am Abend bat ich Sonja, eine Freundin, mir zu helfen. Da sie gerade in den Endzügen ihrer Diplomarbeit lag – sie studierte irgendetwas Hochspezifisches mit Klima und Ökologie –, nutzte sie kleine Abstecher zu uns als Verschnaufpause vom Schreiben. Sonja ist von großer, kräftiger Statur. Perfekt für einen Krafttest, dachte ich. Ich musste nicht lange fragen, sie half mir, ohne zu zögern. Gemeinsam legten wir Stoffe. Bereits nach einer Stunde brauchten wir eine Pause.

»Scheiße, ist das anstrengend«, sagte ich.

»Hätte ich nie gedacht«, bestätigte Sonja.

Ich schämte mich. »Und ich mute das meinen Ladys zu, die fast doppelt so alt sind wie wir.« Darüber hinaus ärgerte ich mich über mich selbst. Bei allen Arbeitsschritten der Tasche habe ich jeden einzelnen selbst getestet. Im Riegeln und an der Overlock bin ich doppelt so schnell wie meine Ladys, im Steppen nur ein Drittel schneller. Meine Devise war und ist: »Wenn ich etwas als ungelernter Fachidiot schaffe, bekommen meine Ladys die Hälfte meiner Stückzahl locker in derselben Zeit hin.« Nur: Beim Zuschnitt hatte ich nichts getestet.

Stefan predigte die ganze Zeit schon von dem Nadelöhr Zuschnitt: »Sina, das sind Mengen, die kann man nicht mehr händisch legen. Das hat nichts mehr mit Manufaktur zu tun. Das hält kein Mensch aus.« Recht hatte er.

Auch Hilde und Suley bestätigten Stefans Urteil. »Um auch nur eine kleine Chance zu haben, müssen wir mittlerweile 35 000 Taschen die Woche machen. Wenn wir sieben Tage durcharbeiten, schaffen wir es«, rechnete mir Suley vor. »Aber der Zuschnitt? Niemals!«

Noch fünf Wochen bis zur Lieferung

Am Montagmorgen, kurz vor zehn, saß ich bei Herrn Wiedmann. Seine Firma stellt automatische Legewagen und computergesteuerte Schneidemaschinen in der Nähe von Ulm her, kurz: die Lösung für mein Problem. Das Wochenende hatten Stefan und ich damit verbracht, uns im Internet schlauzumachen. Ein Kuris-Cutter sollte es sein, weil er komplett in der Region hergestellt wird. Das würde nicht billig sein.

»Ich benötige einen automatischen Legewagen für Gewebestoffe, getafelt, dazu einen Hochlagen-CNC-Cutter«, sagte ich Herrn Wiedmann.

»Wir sind spezialisiert auf solche Geräte, kein Problem«, antwortete er.

»Bis Freitag. Bei mir aufgestellt!«, ergänzte ich.

Herr Wiedmann entglitten die Gesichtszüge.

»Bitte? Wie stellen Sie sich das vor? Solche Maschinen kauft man nicht mal eben. Unsere Lieferzeiten sind zwischen drei und sechs Monate. Und wissen Sie überhaupt, was das kostet?«

»Nein, trotzdem brauche ich bis Freitag diese Maschinen. Kann kommen, was will. Kann kosten, was es will.«

»Frau Trinkwalder, das geht so nicht. Bei aller Liebe. Passen Sie auf«, erklärte er. »Ich hätte zwar einen Legewagen, der ist aber seefrachtfertig für Ägypten eingepackt. Da warten wir nur auf das Go. Ein Cutter wird gerade gebaut. Der aber gehört schon einem anderen Kunden.«

»Lieber Herr Wiedmann«, erwiderte ich, »Sie erhalten von mir jetzt sofort das Go für den Legewagen, und für den anderen Kunden bauen Sie einfach einen neuen Cutter. Ich brauche die Maschinen wirklich. Freitag bei mir!«

Ich ließ nicht locker. Das imponierte dem Geschäftsführer, wenngleich er mein Verhalten nicht ernst nahm. Beschwichtigend erzählte er: »Ich lasse Ihnen jetzt einmal das Angebot heraus, dann können Sie sich das überlegen, und dann sehen wir weiter.«

Fünf Minuten später hatte ich ein Angebot vor mir liegen, bei dem mir aller Wahrscheinlichkeit nach meine Gesichtszüge entglitten. Ich hatte mit 50 000 Euro gerechnet. Nicht aber mit einer sechsstelligen Summe, einer ordentlichen sechsstelligen Summe. Kurzerhand griff ich zum Telefon, verließ für einen Moment den Raum und rief Stefan an.

»Hi Schatz«, begrüßte ich ihn.

»Und?«, fragte er.

Ich erzählte ihm von der Unmöglichkeit, bis Freitag die Maschinen in der Halle zu haben. Und ich informierte ihn über den Preis. Entgegen meiner Befürchtung war Stefan tiefenentspannt. *Tiefenentspannt!*

»Wie, in Ordnung ist alles?«, fragte ich ungläubig.

»Was glaubst du denn? Dass du solche Monstermaschinen für lau bekommst? Made in Germany kostet Geld. Das sind Hochpräzisionsmaschinen, zwanzig Meter lang, zig Tonnen schwer. Ich habe damit gerechnet. Deshalb habe ich auch bis dato mein Erbe nicht angefasst. Dafür können wir es jetzt sehr gut einsetzen.«

Nun war für mich ein Punkt gekommen, den ich nicht mehr verantworten wollte. Alles bisher investierte Geld war unser gemeinsam erwirtschaftetes. Das war restlos aufgebraucht. Nun aber ging es um das Geld meines Mannes. Für die Lösung meines Problems. Das wollte ich nicht.

»Nein, Stefan, das geht auf gar keinen Fall«, sagte ich.

»Sina, alles oder nichts. Jetzt geht es nicht mehr zurück. Und ohne diese Maschinen geht gar nichts mehr. Du kaufst das Ding, sagst, dass du bar zahlst und dass am Freitag dieses Teil in deiner Näherei steht.« Nach diesen Worten legte er auf. Ich schluckte und betrat wieder den Raum. Herr Wiedmann sah mich an.

»Ich kaufe die Maschine«, informierte ich ihn.

»Das ging aber schnell. Aber gut, dann können wir uns ja über Liefertermine und Finanzierungsmöglichkeiten unterhalten.«

»Nein, Herr Wiedmann. Ich zahle bar, und am Freitag steht das Ding in meiner Näherei, ja?«

»Sie machen was? Bar? So was habe ich noch nie erlebt. Verzeihen Sie, wenn ich Ihnen das nicht abnehme ... Aber ich mache Ihnen einen Vorschlag: Wenn Sie morgen überweisen und mir eine beglaubigte Überweisungsbestätigung vorlegen, packe ich den Holzkasten aus und bringe Legewagen und Cutter nach Augsburg!«

Herr Wiedmann glaubte nicht, was für mich klar war: Fünf Tage später rückten seine Mechaniker an, um die Maschine aufzustellen. Er selbst rief mich an: »Sie sind eine verrückte Nudel. Von unserem Geschäft werde ich noch meinen Enkeln erzählen. Aber eines muss ich sagen: So zielstrebig wie Sie sind ... Sie schaffen alles!«

Das Wochenende über legte ich, abwechselnd mit Sonja oder Miriam, rund um die Uhr Stoffbahnen, schnitt Taschenteile zu. Mittlerweile waren die Näher bei viertausend Taschen am Tag angelangt, und wir benötigten dringend Vorlauf im Zuschnitt.

Sonntagnacht schlief ich auf meiner neuen Maschine ein. Am Montagmorgen weckte mich ein gellender Schrei: Hilde.

Noch vier Wochen bis zur Lieferung

»Ja, do legst di nieda. Verreck!«, brachte Hilde ihr Erstaunen zum Ausdruck.

Ich taumelte schlaftrunken von der Lage Stoff herunter und sah sie verwundert an.

»I brech zam«, fuhr sie fort. »Wos fier a Höllenmaschine!« Stolz begutachtete sie den Zuschnitt. Zufrieden überblickte ich mein Nachtwerk. Über 10 000 Taschenzuschnitte türmten sich in Grün und Pink vor uns auf.

»Jetzt geht wos«, grinste mich Hilde an.

Nach und nach kamen die Näherinnen herein und blickten, wie Hilde, völlig erstaunt auf die meterlange Maschine. Ich erklärte ihnen, dass wir es jetzt schaffen könnten. Freudenschreie, Applaus und Umarmungen wechselten sich ab. Kraftvoll gingen alle Ladys ans Werk. Nur eine nicht: die Zuschnittdame Annemarie. Sie verweigerte sich der Maschine.

»Was?«, fragte ich ungläubig. Mir wurde regelrecht schwindelig.

»Seit Jahrzehnten bin ich nun im Zuschnitt. Da haben wir das noch nie so gemacht. Und ich mache das so, wie ich es immer gemacht habe. Aus!«, gab sie mir zur Antwort. Annemarie war einundfünfzig, gertenschlank und groß gewachsen. Im Vergleich zu allen anderen Damen wollte sie kein regelmäßiges Leben. Sie war weder verheiratet, noch hatte sie Kinder. Als junge Frau verbrachte sie die Jahre mal hier, mal dort. »Immer an Stellen, wo es schön war und ich ein bisschen was verdienen konnte«, hatte sie mir in unserem ersten Gespräch erzählt. In Thailand jobbte sie auf Märkten, in Indien im Zuschnitt einer Textilfabrik. In Südamerika lebte sie von dem, was die Einheimischen ihr gaben. Erst als sie ernsthaft krank wurde, kam sie zurück in ihr Heimatland. Das war vor drei Jahren. Und nun war sie bei uns.

Auf meinen Einwand, dass sie es nicht schaffen würde, so viele Taschen händisch zuzuschneiden, gab sie mir zu verstehen: »Dann musst du einfach noch ein paar für den Zuschnitt einstellen!«

Meine Erklärung, dass der Stoff manuell nicht gelegt werden könne, weil es schlicht zu anstrengend sei, wiegelte sie ab: »Dann soll jeder der Näher ein, zwei Stündchen legen. Mit dieser Maschine werde ich auf keinen Fall arbeiten. Das nimmt mir ja die Arbeit weg!«

Jeder Versuch, Annemarie zu vermitteln, dass dem nicht so sei, scheiterte. Sie ließ sich breitschlagen, es zumindest einmal zu versuchen. Die Bedienung der Maschine war kinderleicht. Schon nach kurzer Zeit beherrschte sie den automatisierten Zuschnitt problemlos. Ich persönlich war heilfroh. Schließlich wurde das größte Verletzungsrisiko, der Zuschnitt mit offenem Messer, dank der Maschine eliminiert. Doch meine Zuschnitt-Lady hatte einfach keine Lust. Viel schlimmer noch: Sie sabotierte die Maschine, unseren überlebensnotwendigen Herzschrittmacher. Das nämlich war der einzige Grund, warum sie bereit war, den Umgang mit dem Legewagen und dem Cutter zu lernen. Sie wusste anschließend um die Achillessehne der Maschine. Und diese nutzte sie auch. Wird die Maschine nicht mit einem ausreichend hohen Luftdruck versorgt, verschleißt sie im Nu und geht kaputt. Herrscht überhaupt kein Druck, lässt sie sich nicht in Gang bringen. Die Techniker des Herstellers hielten uns an, immer die Druckleistung im Auge zu behalten.

Drei Tage lang legte und schnitt sie mit der Hälfte der notwendigen Barzahl, exakt so viel, dass die maschineneigenen Alarmfunktionen nicht ansprangen. Mitte der Woche versagte bereits das erste Messer beim Legewagen. Der Zuschnitt auf dem Cutter wurde dank des unzureichenden Vakuumbetts komplett fransig. Als ich Annemarie wieder am ursprünglichen Bandmesser händisch zuschneiden sah, fragte ich verdutzt:

»Was ist los? Warum bist du wieder an diesem Bandmesser?«

»Die Maschine macht keinen sauberen Zuschnitt. Das kann ich nicht akzeptieren«, gab sie mir patzig zurück.

Ich war nahe am Ausrasten. Zu allem Überfluss berichtete mir Hilde, die Näher würden gleich wieder »stehen«, der Zuschnitt wäre aus.

Ich konnte nicht mehr. Aber es half ja nichts. So ging ich an unsere neue Maschine, testete den Zuschnitt und erhielt dasselbe schlechte Zuschnittergebnis. Also begab ich mich auf Fehlersuche. Ich tauschte die Messer, justierte den Legewagen neu, positionierte den Schnittkopf per Referenzfahrt. Erneuter Testlauf, doch es war keine Veränderung festzustellen. Völlig frustriert ließ ich mich in einen Ballen Stoffreste fallen, der zufälligerweise direkt neben dem Kompressor stand. Sofort stach mir die Druckanzeige ins Auge. Wie wild sprang ich auf und rannte hinüber in den händischen Zuschnitt. Zum ersten Mal gingen meine Nerven mit mir durch. Voller Verzweiflung schrie ich Annemarie an: »Wie kannst du es wagen, an der Maschine herumzuschrauben? Du machst alles kaputt! Ist dir klar, dass wir ohne diese Maschine hier alles zusperren können? Alle Arbeitsplätze einfach futsch, aus, Amen! Dass wir scheitern?«

»Ich habe nicht herumgeschraubt«, antwortete sie schnippisch. »Lediglich etwas heruntergedreht. Das pfeift ja immer, unsäglich.«

Eigentlich hatte ich Miriam mit allen Personalfragen betraut, aber hier riss mir die Hutschnur. Beim zweiten Mal tat es auch nicht mehr so weh. Ich musste mein Projekt schützen, und so setzte ich Annemarie mit sofortiger Wirkung vor die Tür. Da sie, wie einige andere Mitarbeiter, drei Probewochen vom Arbeitsamt genehmigt bekommen hatte, war dies zumindest administrativ ein Leichtes.

Miriam nahm die Entscheidung freudig zur Kenntnis.

»Endlich, Sina«, sagte sie. »Endlich ist der Moment gekommen, an dem du begriffen hast, dass es nicht nur gute Menschen gibt.«

»Das weiß ich selbst«, versicherte ich kleinlaut.

Dass es nicht nur gute Menschen gab, ist die eine Seite. Dass es aber auch schlechte Menschen gibt, durfte ich in den nächsten zwei Wochen erfahren. Nachdem unsere Zuschneiderin weg war und ich den Zuschnitt übernahm, besuchte uns zweimal hintereinander die Gewerbeaufsicht. Das Einzige, was die Prüfer zu beanstanden hatten, waren jeweils Mängel an Stoß- und Bandmesser. Ich erklärte den freundlichen Herren, dass wir diese Messer nicht bräuchten, weil wir einen sicheren CNC-Cutter hätten. Sie wiederum informierten mich, dass sie anonymen Anzeigen nun einmal nachgehen müssten.

Noch drei Wochen bis zur Lieferung

»Wie läuft's?« Laura fragte nach dem Stand der Dinge. »Kannst du den Liefertermin halten? Wenn nicht, sag etwas.«

»Nein, nein. Alles im Lot«, log ich.

Ich wusste, dass sie den Mai-Termin schon sehr spät gesetzt hatte, und nahm an, dass Laura bei einer Verschiebung des Datums Probleme in ihrer Firma bekommen würde. So erzählte ich ihr zwar von unseren Personalturbulenzen, sonst aber ließ ich sie im Unklaren. Überhaupt: Wirklich klar war mir der Stand der Dinge selbst nicht. Aber ich war mir sicher, es zu schaffen. Die Einzige, die eine Art von Überblick behielt, war Hilde. In ihrem kleinen Büchlein standen Tausende von Zahlen. Wenn man Hilde fragte, wie viele Taschen wir schon produziert hätten, sah sie in ihr Büchlein, blätterte, rechnete im Kopf und sagte: »Passt. Im Rahmen.«

»Im Rahmen oder im Plan?«, fragte ich sicherheitshalber nach.

»Im Rahmen. Im Plan samma, wemma die nächsten Samstage hiehänga. Dann packmas.«

»Samstage? Oh, nein. Das …«, warf ich ein, aber Hilde unterbrach mich.

»Olle san dabei. Mia ziang an oam Strang!«

»Diese Ladys, einfach großartig, oder? Mensch, wir werden das schaffen«, motivierte ich mich selbst.

»Du musst di ums Riegeln kümmern. Da liang scho 90 000 Taschen, ungriegelt. Der oane Riegler ist bereits kaputt, der ondere fällt aiwei auseinand«, erzählte Hilde.

»Was? Wieso sagt mir das keiner? Die beiden neuen Maschinen? Und wo sind die ganzen ungeriegelten Taschen, ich sehe hier nichts?«

»Ja! Nur der oide packt die Last. Di Toschn homma in olle Eckn und unter di Tisch gschobn und zuadeckt.«

Ich ging durch die Halle. Vielleicht war ich mittlerweile zu müde, aber ich hatte in den letzten Tagen die wachsenden Berge, fein säuberlich bedeckt, nicht mehr wirklich wahrgenommen. Egal, wo ich hinsah, unter Tischen, in Regalen, hinter Mauervorsprüngen, in den letzten Ecken: Überall wimmelte es von grünen und pinkfarbenen Taschen. Nicht zu vergessen: der riesige Berg an sichtbaren Taschen inmitten der Halle. Ich setzte mich und schüttelte nur noch den Kopf.

Mein Verstand überschlug kurz die Mengen. Die Schlacht war verloren. Dieser enorme Berg an Taschen war nicht mehr bis zum Liefertermin riegelbar. Schließlich würden mittlerweile täglich rund sechstausend Taschen hinzukommen, die ebenso geriegelt werden mussten.

»Gute zwei Wochen und täglich fast 20 000 Taschen riegeln«, murmelte ich und fing an, hysterisch zu lachen.

Miriam, die mittlerweile zu mir getreten war, zückte ihr Handy und rechnete. »20 000 Taschen sind zwei Schichten, jeweils acht Mann.«

Ich hörte nicht mehr auf zu lachen. »Woher nehmen? Menschen und Maschinen? Die neuen Riegler laufen überhaupt nicht. Ein rechter Scheiß sind die Dinger!«

»Raffi?«

»Hab ich schon gefragt. Er hat keine alten Riegler mehr im Lager.«

»Du findest eine Lösung, Sina. Aber was ich eigentlich erzählen wollte: Werner fängt bei uns an. Ich habe ihn eingestellt. Industriemechaniker. Ich dachte, er wäre perfekt für den Zuschnitt mit der Maschine. Er würde sie auch sicher pflegen.« Werner war übrigens der erste männliche Mitarbeiter, der nicht aus der Arbeitslosigkeit kam. Wie zahlreiche meiner Damen wurde auch er angehalten, bei einem großen Online-Versandhändler im Lager zu arbeiten. Im Gegensatz zu meinen Ladys hatte er es dort länger ausgehalten. Bis zu dem Zeitpunkt, wo auch für ihn das Ende erreicht war. Dann bewarb er sich bei uns. Beiläufig gab mir Miriam seine Unterlagen. Nach einem Blick darauf konnte ich mich nur noch wundern. Wie kann jemand, der schon so viel gemacht hat, keinen besseren Job bekommen?, dachte ich. Industriemechaniker, Optiker, Rettungsassistent, Lkw-Fahrer für Hilfskonvois nach Russland – in seinem Lebenslauf waren Geschichte und Erfahrung herauszulesen.

»Du Goldschatz«, sagte ich und drückte sie, bis ihr der Atem ausblieb.

Miriam lächelte. »Dann hast du wenigstens nur noch eine Schicht zum Zuschneiden, den Rest wird er übernehmen. Er macht einen sehr patenten Eindruck.«

Werner war das, was man zum richtigen Zeitpunkt am richtigen Ort nennt. Ich musste ihm weder lange die Funktionen der Maschine erklären noch das gesamte Prozedere. Er kam, sah – und legte. So lange, wie es nötig war. Er, groß, kräftig, weißer Bart und wenig Haare, manchmal ein bisschen grummelig, aber an sich ein Herzensguter, packte von Anbeginn mit an. Das verschaffte mir Luft für mein Rieglerproblem. Und das zweite, von dem ich noch nichts wusste.

Noch zwei Wochen bis zur Lieferung

Der Lkw fuhr frühmorgens an unsere Ladefläche. Erwarteten wir etwa eine Lieferung? Stoffe und Henkel hatten wir doch noch ausreichend. Ich konnte mir keinen Reim darauf machen. Der Fahrer sprang sportlich aus seinem Führerhaus, drückte mir unmissverständlich die Frachtpapiere in die Hand und ließ mit einem Knopfdruck die Ladebordwand herunter. Auf den ersten Blick fiel es mir wieder ein. Kartons und Etiketten. Palettenweise.

Ich griff mir an die Stirn. »Wie konnte ich die Kommissionierung nur vergessen? So eine verdammte Scheiße!«

Eine halbe Stunde später stand ich umringt von dreißig Paletten Kartonagen und Etiketten. Und hatte ein neues Problem.

Augenblicklich ließ ich alles stehen und liegen und fuhr in die Manufaktur. Die Werkstatt war seit einer Woche verwaist, weil wir alle »Mann« an die Maschinen in der Taschenproduktion gebeten hatten. Selbst die Schneiderinnen aus der Manufaktur nähten seit Tagen unablässig Säume und Henkel ein. Nur Monika hielt eisern die Stellung und fertigte »Eilbestellungen«.

Als ich in den Franzosenhof einbog, kam Axel auf mich zu. »Oh mein Gott, Sina. Was ist denn mit dir los? Du siehst ja fertig aus. Mach mal langsam.«

»Ja, ja«, sagte ich und ging die Treppe hoch zu Stefans Büro.

»Ja, ja heißt: Leck mich am Arsch, sagst du immer!«, rief er mir nach.

Stefan war gerade in einer Besprechung mit Miriam. Als ich eintrat, unterbrach ich ihr Gespräch und bat um Hilfe.

»Leute, ich kann nicht mehr. Ich hab das Kommissionieren vergessen. Ich kann mich aber nicht darum kümmern, weil ich Rieglermaschinen auftreiben muss.«

»Du zitterst ja«, stellte Stefan fest.

»Nein, mir ist nur kalt«, erklärte ich.

»Weil du völlig übermüdet bist. Jetzt ist Schluss: Heute holst du unseren Sohn von der Schule ab. Der freut sich nämlich riesig, mal wieder seine Mama zu sehen und den Nachmittag mit ihr zu verbringen. Miri und ich kümmern uns um die Etikettierung. Basta!«, entschied Stefan.

Der Nachmittag mit meinem Sohn brachte mich herunter. Er hielt mich wach – und warm. Alle Last, alle Sorgen, der gesamte Druck waren im Nu verschwunden. Wir spielten und zeichneten. Es war genau die richtige »Medizin«, um einen klaren Kopf zu bekommen. Filius, der inzwischen sieben war, fragte mich, wie es denn mit den Ladys laufe. Ich erzählte ihm davon. Dass es anstrengend sei und dass wir sehr, sehr viel arbeiten müssten, um unser Ziel zu schaffen. »Mama, du schaffst das. Ich weiß das«, sagte er. Ich lächelte. Dann fügte er hinzu: »Du musst das aber auch schaffen. Das wäre doch blöd, wenn die Ladys alle keine Arbeit mehr hätten. Dann können sie sich nichts mehr leisten und langweilen sich wieder zu Hause.«

Ich musste ihm versprechen, es hinzubekommen. Dazu, erklärte ich meinem Sohn, müsse ich aber dringend einige alte Maschinen finden.

»Erinnerst du dich noch an den Nähmaschinenfriedhof, den du mir im Internet gezeigt hast?«, fragte er.

Der Nähmaschinenfriedhof. Das war die Lösung. Ich entschuldigte mich für einen Moment, griff zum Telefon und rief Raffi an.

»Raphael, wie heißt noch mal dieser Nähmaschinenfriedhof, du weißt schon, der riesengroße Gebrauchthändler in der Nähe von München?«

»Meinst du den Tekin?«

»Wahrscheinlich«, antwortete ich, bedankte mich und legte auf. Einen Google-Augenblick später war es sicher: Tekin, genau diesen Gebrauchthändler hatte ich gemeint.

Kurze Zeit später war ich extrem erleichtert. Herr Tekin hatte einige der alten Riegler-Modelle vorrätig, und nach langem Bitten konnte ich ihn überzeugen, in einer Nachtschicht fünf Exemplare betriebsbereit zu reparieren und mir am nächsten Morgen zu liefern.

Stefan brachte am Abend ebenso gute Nachrichten nach Hause.

»Wir haben überall angerufen. Arbeitsamt: Fehlanzeige. Caritas, Diözese: nichts. Selbst die Feuerwehr, lach nicht, haben wir um Hilfe gebeten. Immerhin brennt es ja. Auch vergeblich. Aber ...«, begann er triumphierend. Erwartungsvoll sah ich ihn an. »Wir sind über das Bürgerbüro gegangen. Dort hat man unsere Anfrage sofort an mobile Hilfsgruppen weitergegeben. Und wir haben bereits Feedback. Morgen kommen vier rüstige Rentnerinnen, die uns tatkräftig unterstützen.«

Ich war begeistert, doch Stefan bremste nun meine erneut entflammte Euphorie. »Schatz, ich mag dich nicht demotivieren, aber ich habe den gesamten Nachmittag etikettiert. Versucht, wie man sich Etikett und Tasche am besten hinlegt, damit es möglichst schnell geht.«

»Ja, und?«

»Es ist unmöglich. Wir bräuchten in Vollzeit vierzig Helfer, um die Menge an Taschen bis zur Auslieferung etikettiert zu bekommen.« Ich war völlig am Boden. Der Personalaufwand entsprach zwei Fußballmannschaften samt Ersatzbank. »Und ehrlich gesagt«, fuhr Stefan fort. »Es ist zwar eine leichte Aufgabe, aber eine wahre Strafarbeit.«

Das war das Stichwort. Strafarbeit.

»Ich habe es«, rief ich. »Wir bitten die Justizvollzugsanstalt bei uns ums Eck um Hilfe. Die JVA wäre doch genial. Dann verdienen die Jungs auch etwas.«

»Keine schlechte Idee«, stimmte Stefan zu.

Gleich am nächsten Morgen rief ich in der Arbeitshalle der JVA an.

»Bei der Arbeit«, meldete sich eine freundliche Stimme.

»Hallo, hier Trinkwalder, Sina Trinkwalder von …«

Ich wurde unterbrochen. »Glaub ich's? Die Sina. Mit ihrer Näherei. Uli hier. Erinnerst du dich? SPD-Stadtrat.« Ich erinnerte mich dunkel. »Mensch, ich hab ja schon viel von dir und deinem Engagement gehört. Hut ab!«

»Uli, welche Überraschung. Das ist ja schön. Du, ich muss mich kurzfassen, ich brauch eure Hilfe. Dringend«, sagte ich und erzählte ihm mein Anliegen.

Am anderen Ende wurde es still. Dann hörte ich ein tiefes Atmen. »Also, pass auf. Ich bin hier eh nicht mehr lang.

Normalerweise geht das über die Anstaltsleitung, aber das dauert Wochen. Wenn ich dich richtig verstehe, haben wir gerade mal vierzehn Tage?«

»Ähm, ja, also genau genommen nur noch elf Tage.«

»Das wird eine verdammt enge Nummer. Da muss ich die Samstage und den Feiertag mitnehmen, wenn meine Insassen mitziehen. Wir machen einen Deal ...«

»Und der wäre?«

»Du schaffst uns die ganzen Sachen her, spendierst Schokolade, Kaffee und Zigaretten, und ich schwänze meine SPD-Veranstaltung am Tag der Arbeit. Du darfst nur niemandem erzählen, dass ein SPDler am 1. Mai schuftet, versprochen?«

»Großes Ehrenwort«, sagte ich. »Aber ich möchte nicht, dass du Probleme bekommst.«

Uli musste lachen. »Die letzten vier Wochen bis zur Rente setze ich aufs Spiel. Also los, bring das Zeug – und die Rechnung kommt.«

Ich legte auf – und musste schon wieder weinen. Dieses Mal vor Freude. Doch ich hatte keine Zeit, diesen schönen Moment auszukosten, denn Suley kam und stand mit großen Augen vor mir.

»Sina, wieder ist ein Lkw eingetroffen. So viele alte Maschinen. Was ist das?«

»Ja«, schrie ich und rannte schnurstracks zur Einfahrt. Meine Riegler waren da! Meine feinen, alten, mechanischen, robusten Maschinen. Wir luden ab, stellten sie auf und nahmen sie in Betrieb.

»Jetzt geht's aufwärts«, kommentierte Hilde die Veränderung.

Ich musste lachen. Für Hilde ging es immer nur aufwärts. In diesem Fall hatte sie jedoch recht.

»Abwärts ist ja auch nicht mehr möglich«, konterte ich.

Die nächsten Tage vergingen beinahe langweilig. Die Overlocker overlockten, die Stepper steppten, die Riegler riegelten. Zugleich schossen unsere rüstigen Rentnerinnen von der mobilen Bürgerhilfe Hangtags an. Weil das Packen der Paletten zu anstrengend für die Damen war, verbrachte Florian, der Ehemann einer Mitarbeiterin und von Beruf Lagerist, seine freien Nachmittage damit, nach dem Etikettieren die einzelnen Pakete zu versandfertigen Paletten zu packen. Das alles passierte von frühmorgens bis spät in die Nacht. Dreimal am Tag belud ich meinen kleinen BMW Kombi und brachte eine Fuhre nach der anderen in die JVA. Anfangs klappte das mit dem Etikettieren überhaupt nicht. Nach einer privaten »Wie etikettiere ich richtig«-Session durch Stefan waren die Insassen wahre Anschussmeister. Und so arbeiteten wir langsam im Kreislauf. Wir brachten fertige Taschen hin und sollten kommissionierte Paletten abholen. Sollten.

Noch eine Woche bis zur Lieferung

»Wie transportiert ihr eigentlich die fertigen Paletten von uns zu euch zurück?«, fragte mich Uli in einem Telefonat. Ich stand gerade im Zuschnitt und zuckte die Schultern. »Keine Ahnung. Einen Lkw habe ich keinen, nicht mal einen Führerschein dafür, aber ich kümmere mich umgehend darum«, versprach ich. Noch bevor ich auflegte, tippte mir Werner auf die Schultern. Erschrocken drehte ich mich um, sah meinen Zuschnittkollegen, entspannte mich und fragte: »Was denn?«
»Wusstest du, dass ich früher Hilfskonvois nach Russland gefahren bin? Große 40-Tonner. Ich denke, eine Nummer kleiner reicht aus, oder? Wenn ja, kümmere ich mich um den Lkw und hole immer Paletten, wenn ich Taschen bringe.«

Richtig, das mit den Hilfskonvois hatte in seinem Lebenslauf gestanden. Ich umarmte Werner und drückte ihm einen dicken Knutscher auf die Backe. Leicht errötet ging er zurück an seine Maschine und schnitt weiter.

Es lief auf einmal wie am Schnürchen. Der Zuschnitt war voraus, die Näher kamen auf allen Stationen nach. Man konnte fast behaupten, es lief rund. Wäre da nicht das leidige Thema des Riegelns gewesen.
Für Karin, Marga, die restlichen Riegler und mich hieß es deshalb: tackern, was die Nadeln halten. Über 150 000 Taschen waren schon genäht, die Hälfte davon war bereits kommissioniert. So viel, wie ich in diesen Tagen rechnete, hatte ich in vier Semestern BWL nicht gerechnet.
»Vier Tage für 90 000 Taschen. Vier fucking Tage!« Ich konnte meine Rieglerinnen nicht fragen, ob sie noch ein paar Überstunden machen könnten, sie waren, wie wir alle, körperlich weit über das Limit des Leistbaren hinausgegangen. Mein persönlicher Wärmesalbenverbrauch entsprach dem in einem größeren Altersheim, nur um durch meine achtzehnstündigen Riegelschichten zu kommen. Von meinem Kaffeekonsum ganz zu schweigen. Immer an meiner Seite: Miriam. Wir riegelten um die Wette. In guten Stunden hauten wir über fünfhundert Taschen durch. Ein Tempo, das notwendig gewesen wäre, um es zu schaffen. Aber eben auch ein Tempo, das man eine Stunde, maximal zwei gehen kann. Sonja kam uns ebenfalls zu Hilfe und riegelte die Tage mit durch. Doch es nützte alles nichts: Es war zu wenig.
Meine letzte Chance war mein soziales Netzwerk. So bat ich meine Facebook-Freunde, mir zu helfen. Und sie kamen: Helga, Adrian samt Freundin und Eltern, Miriams Schwestern nebst Mama, die gesamte Programmierabteilung aus der Agentur und viele weitere Menschen, deren

Gesichter ich bis zu diesem Zeitpunkt nie gesehen hatte. Ich war überwältigt. Gemeinsam schafften wir abends weg, was die Tagschicht übrig ließ.

Noch zweiundsiebzig Stunden bis zur Lieferung

»Sina, es hilft alles nichts. Wir müssen rund um die Uhr riegeln. Anders geht es nicht«, gab mir Miriam zu verstehen. Längst war ich nicht mehr Herr meiner Sinne, sagte nur »Mhm« und tat, wie mir geheißen. Ich riegelte. Beinahe zweiundsiebzig Stunden am Stück. Mit mir kämpften Miriam, Sonja, Helga und Adrian den Taschenberg klein. Adrian und ich perfektionierten mittlerweile unsere Arbeitsweise. Wir nannten es Speed-Riegeln. Jeder riegelte innerhalb von zwanzig Minuten 150 Taschen, dann wurde gewechselt. Erst saß ich vor dem Riegler, dann Adrian. Dann wieder ich. Dann er. Das war exakt das Tempo, das wir beide über Stunden gehen konnten. Miriam und Sonja taten es uns gleich.

Dann kamen wir auf die Idee, die Taschen nicht mehr ordentlich hinzulegen, sondern achtlos beiseitezuwerfen. Das brachte nochmal 50 Taschen pro Speed-Einheit. Thomas, Basti, Benni und Arno, allesamt Freunde, übernahmen die Helferjobs und stapelten die Taschen ordentlich. Die letzte Prozessoptimierung war eine automatische Unterfaden-Spulversorgung. Thomas sorgte dafür, dass alle Riegler stets mit ausreichend Fadenspulen versorgt waren. Somit sparten wir zehn Minuten pro Stunde Spulzeit ein. Die letzten Stunden beim Riegeln waren ein wahres Fest für jeden effizienzverliebten Controller. Jede noch so unnötige Verschwendung wurde ausgemerzt – und die Produktivität in das gefühlt Unermessliche geschraubt.

Noch zwölf Stunden bis zur Lieferung

Die letzte Nachtschicht verbrachten wir Riegler nicht alleine. Mütter brachten ihre kleinen Kinder ins Bett und kehrten zu uns zurück, einige meiner älteren Ladys – die Nachteulen – blieben einfach da. Es ging um die letzten 16 000 Taschen, die es zu riegeln und etikettieren galt. Das musste über Nacht passieren. Während wir Tackerer die Maschinen glühen ließen, schossen die Ladys in der angrenzenden Halle die letzten Etiketten an. Anschließend verpackten sie die fertigen Taschen in Kartons und stapelten bis zum Morgengrauen die fehlenden Paletten.

Als dann Marga und Karin, die zu Hause kurz geschlafen hatten, uns um kurz nach fünf von den Maschinen zogen und den Endspurt übernahmen, brachen wir alle in Tränen aus. Ich bekam überhaupt nicht mehr mit, wie Sonja und andere sich verabschiedeten. Miriam nickte gemeinsam mit mir auf einem Berg ungeriegelter Taschen ein.

Aufgeweckt wurden wir, als uns Marga sanft einen der letzten Stapel Taschen unter dem Hintern wegzog. Ich stand auf und erblickte kaum jemanden an den Nähmaschinen. Dafür hörte ich Lachen und Singen aus der anderen Halle.

»Morgen, Chefin«, schallte es freundlich. Ich traute meinen Augen kaum: Fast alle Mitarbeiterinnen saßen inmitten von Kartonagen und Taschen, etikettierten und verpackten.

»Glei hamas, haha«, rief Hilde erfreut und wedelte in ihrer typischen Art mit der rechten Hand.

Jetzt kann wirklich nichts mehr schiefgehen, dachte ich.

Dann steuerte Werner auf mich zu.

»Sina, wir haben ein Problem«, begann er.

NEEEEEEEEEIIIIIIIIIIIIIIIIIIIIINNNNNNNN, dachte ich.

»Ich kann die fehlenden vier Paletten von der JVA nicht holen.«

»Warum nicht?«, fragte ich perplex. Wir hatten extra den Lkw für heute Morgen reserviert. Es sollte einer Abholung also nichts im Weg stehen.

»Ob du es glaubst oder nicht. Heute Nacht wurde dem Lkw die Hubwand abgefahren. Er ist nicht fahrtauglich.«

»Das ist nicht dein Ernst?«

»Doch!«

Ich kam mir vor wie in einem schlechten Hollywood-Film. Einem hundsmiserablen.

»Wenn das ein Film wäre, würde ich als Zuschauer jetzt sagen: ›Lieber Drehbuchautor, jetzt wird es unglaubwürdig!‹«

Aber ich war zu müde, um mich weiter aufzuregen. Miriam, die mittlerweile ebenfalls wach war, bekam das Problem mit. Und löste es. Wie, weiß ich nicht mehr. Aber die fehlenden Paletten waren irgendwann da.

»Er kommt, er kommt, der erste Lkw kommt«, rief Rosi rennend durch die Halle.

Neugierig liefen die Ladys, Miriam und ich in den Hof. Ein großer 20-Tonner mit Anhänger rangierte direkt vor unserem Tor. Er wurde mit siebzehn Paletten beladen – und zog wieder von dannen. Keine halbe Stunde später fuhr ein zweiter Lkw ein, um ebenfalls siebzehn Paletten auf den Weg zu bringen.

»Sehr gut«, sagte Werner. »Nord und Ost sind abgehakt. Fehlen noch Süd und West.«

Ich ging zurück in die Halle, in der die Damen immer noch unermüdlich am Etikettieren waren. Es war nicht mehr viel.

»Wie weit seid ihr?«, fragte ich.

»Letzte Palette, noch zwei Kartons. Die pinken Taschen reichen gut, aber uns fehlen noch sechs grüne«, stellte Aline fest, mit fünfundzwanzig Jahren unsere jüngste alleinerziehende Mama im Team.

»Sechs grüne? Keine sieben?«, sagte ich lachend und rannte in die Nähhalle. Ich blieb stehen und schrie mit letzter Kraft:

»Laaaadddddyyyyyssss, an die Maaaschinen! Es fehlen sechs grüne Taschen! Los geht's!«

Was ich dann sah, werde ich in meinem Leben nicht mehr vergessen. Innerhalb von Sekunden fand jeder seinen Platz, und in wenigen Minuten waren über dreihundert Taschen »erledigt«. Mit einer Selbstverständlichkeit verrichteten die Ladys ihre Arbeit, als hätten sie noch nie etwas anderes gemacht als genäht. Das Gefühl war unbeschreiblich. In diesem Moment wurde mir klar, dass wir es geschafft hatten. Nicht nur die Lieferung.

Als der letzte Lkw beladen war, knallten die Sektkorken. Es war der 4. Mai 2012, und wir schworen uns, jedes Jahr am 4. Mai einen Sekt zu trinken. Wir feierten unseren Sieg. Dann entließ ich alle in ihr wohlverdientes, verlängertes Wochenende.

Ich selbst griff zum Telefon und rief Laura an.

»Und, habt ihr's geschafft?«, fragte sie erwartungsvoll, aber kicherte bereits. Laura war klasse.

»Natürlich«, sagte ich.

»Oh, ich freue mich so für euch. Jetzt wollen wir hoffen, dass unsere Kunden eure Taschen auch so schön finden wie wir. Produziert einfach weiter. 20 000 die Woche für den laufenden Betrieb, ja?«

»Ja, aber jetzt gehe ich erst einmal schlafen!«

16

100 % ÖKO, 200 % ERFOLG, 0 % KOHLE

Es gibt ja Bedenkenträger. Menschen, die jedes noch so kleine Haar in der Suppe finden, es an den Tellerrand legen und darüber am Tisch ausgiebig referieren. Diese Menschen mag ich nicht. Und wenn ich sie mag, überhöre ich ihre Ausführungen. Auch Lauras zarte Andeutungen wie »hoffentlich gefällt es unseren Kunden« ignorierte ich schlicht. Natürlich konnte ich verstehen, dass es ein großes Risiko war. Schließlich waren die neuen Taschen doppelt so teuer wie das Vorgängermodell. Dafür, hielt ich stets dagegen, doppelt so schön, hundertprozentig »Made in Germany« und darüber hinaus das Ökologischste, was es auf dem weltweiten Textilmarkt gab und gibt.

Man kann behaupten, ich sei ein unverbesserlicher Optimist. Was aber in den nächsten Wochen passierte, überstieg auch meine kühnsten Erwartungen.

»Frau Trinkwalder, wir sind out of stock! Komplett! So was kennen wir im Handel überhaupt nicht. Wir schaffen nicht annähernd eine Filialabdeckung«, informierte mich die sympathische Kollegin von Laura. »Die 20 000 Taschen pro Woche sind ein Tropfen auf den heißen Stein.«

Gemeinsam gingen wir die Zahlen durch, und mir wurde schummerig: Unsere Produktionskapazität, die wir wöchentlich veranschlagt hatten, war gerade einmal für einen Tag ausreichend. Für einen Tag!

»Sie müssen unbedingt Ihre Stückzahlen nach oben schrauben, Frau Trinkwalder, und das so schnell wie möglich«, bat mich die Mitarbeiterin.

Stückzahlen nach oben schrauben, das hieß auch, weitere Menschen in Lohn und Brot bringen. Vor nicht allzu langer Zeit hatte ich via Twitter mit einem Freiberufler über das Thema »Neueinstellung« diskutiert. Er meinte, er hätte sich niemals getraut, Menschen fest anzustellen. Ich jedoch hielt dagegen. Sagte, ich würde es als meine unternehmerische Pflicht ansehen, Menschen einen sinnvollen Arbeitsplatz zu ermöglichen. Dies sei nur innerhalb eines unbefristeten Arbeitsverhältnisses möglich. Das nämlich gebe Sicherheit. »Was aber, wenn dm morgen sagt, wir nehmen Tüten aus Indien?«, wurde ich daraufhin gefragt.

Ich erinnerte mich in diesem Moment an Christoph Werner, Sohn des Firmengründers und heutiger Geschäftsführer von dm. Er besuchte mich eines Tages in meinen damals noch kahlen Hallen, und wir unterhielten uns über unsere gemeinsame Kooperation.

»Haben Sie die Räumlichkeiten gemietet?«, fragte plötzlich Christoph Werner.

»Ja, zum Kaufen fehlt mir das nötige Kleingeld«, gab ich offen zu.

»Ich hoffe, Sie haben eine Option auf Mietverlängerung?« Das sind die Fragen, die Unternehmer stellen. Fragen der Langfristigkeit, Fragen der Verantwortung.

»Selbstverständlich!«, antwortete ich. »Ich kann die Hallen so lange nutzen, bis sich meine Ladys mit unseren Taschen in die Rente genäht haben.«

»Gut«, antwortete Herr Werner und lächelte.

Als wir bereits mitten in der Produktion der Taschen waren, sah Erich Harsch, Vorsitzender der Geschäftsführung der Drogeriekette, bei uns vorbei und bestärkte unsere Zusammenarbeit. Er nahm sich lange Zeit, um jeden Handgriff an der Tasche zu begutachten und zu verstehen. Sprach mit den Mitarbeiterinnen – und die mit ihm. Nachdem Erich Harsch sich verabschiedet hatte, kamen die Ladys reihenweise zu mir. Rosi brachte es auf den Punkt: »Ich habe mich ja langsam daran gewöhnt, dass du immer bei uns bist. Aber dass auch noch die Chefs, die uns die Aufträge geben, uns besuchen, das habe ich noch nie erlebt!« Ich musste schmunzeln. Die Nähe und das Interesse, das wir bei manomama intern leben, lebt auch dm. Das machte die Kooperation so einzigartig. Und wertschätzend für meine Ladys. Kurz darauf nahm dann noch Götz Werner senior unser gemeinsames Engagement unter die Lupe.

Die gesamte Zusammenarbeit mit dm, die Wertschätzung auf beiden Seiten und nicht zuletzt die ernsthafte Haltung, die Welt ein bisschen besser machen zu wollen, ließen mich alles riskieren. Ich antwortete dem Freiberufler und Bedenkenträger auf Twitter: »Ich wäre mit dm nicht diesen engen und für mich höchst riskanten Weg gegangen, wäre dm nicht so, wie Sie sind.«

Die Auswahl aller unserer Kooperationspartner geschieht bis heute aus dem Bauch heraus, auf Basis gleicher Werte. Dabei geht es mir stets um den Menschen. Man kann nicht davon ausgehen, dass jedes Unternehmen den Spirit des Drogeriemarkts dm lebt. Dennoch habe ich lernen dürfen, dass es in vielen Unternehmen, die auf den ersten Blick »kaltschnäuzig« daherkommen, Menschen gibt, die ebenso die Welt ein bisschen verbessern möchten. Das ist ein Anfang, den es auszubauen gilt.

Der enorme Taschenerfolg war aber kein Wunder, denn unser Wunder war in aller Munde: Zahlreiche Zeitungen, TV-Stationen und Radiosender informierten über dieses einmalige Projekt. »Mit ehemals Arbeitslosen in einer toten Branche hundert Prozent ökologische Textilien innerhalb einer regionalen Wertschöpfungskette herzustellen, ohne Banken und Politik? Jetzt ist es möglich, in Augsburg!« Das war der einhellige Tenor der Berichterstattung. Zudem bekamen wir Zuspruch aus allen Teilen der Bevölkerung. Junge Mütter erzählten im Internet von Bastelnachmittagen, an denen sie dm-Taschen by manomama verschönerten, Kindergärten entdeckten unsere Beutel als Turnsäcke. Einige Frauen liebten die farbigen Taschen als Aufbewahrung für ihr Strickzeug. Dass die neuen Taschen zum wahren Kultbeutel wurden, zeigte sich daran, dass sie sogar eine eigene Fanseite auf Facebook bekamen. Auf Twitter erreichten mich täglich Fotos »meiner« Taschen. Und im Lauf der Zeit liefen mir, egal, in welcher Stadt Deutschlands ich war, immer öfter unsere Taschen über den Weg.

»Wir müssen unsere wöchentliche Kapazität um mindestens 15 000 Taschen erhöhen, wenn nicht gar 20 000«, erklärte ich Stefan nach dem Gespräch mit Lauras Mitarbeiterin.
»Das ist Wahnsinn«, antwortete er. »Das sind zwar rund vierzig neue Arbeitsplätze, dafür hast du aber auch einen finanziellen Aufwand, der sich gewaschen hat.«
»Ich weiß. Ich muss nachdenken, wie wir es schaffen«, sagte ich. Und dachte nach.
Wir mussten rigoros Kosten sparen. Nicht an den Mitarbeitern, aber an Budgets, die überflüssig waren. So zog schließlich die Agentur in das oberhalb der Hallen liegende Büro mit ein. Die Manufaktur im Franzosenhof löste ich ebenfalls auf. Die Näherinnen arbeiteten sowieso schon alle in der

Textilfabrik, und so kamen nun auch die Maschinen in die neue Heimat. Auf diese Weise sparten wir eine Menge Miete ein. Parallel plante ich meine Lieferkette erneut durch. Allein die Abstimmung der einzelnen Zulieferer aufeinander sparte uns ordentlich Geld, denn wir ließen uns nun nach Plan liefern und nicht mehr nach plötzlich auftretendem Bedarf. Die Overnight-Kosten der Logistikdienstleister hatten richtig zu Buche geschlagen. Außerdem war deren Inanspruchnahme alles andere als ökologisch. Dann reduzierte ich die monatlichen Stromkosten um mehr als 70 Prozent, indem ich alle Maschinen mit einem stromsparenden Servomotor ausstatten ließ. Nicht zuletzt kratzten Stefan und ich alle stillen Reserven zusammen – und waren uns dann sicher: Dieses Wachstum, die Firma mal eben mehr als zu verdoppeln, war ohne Banken nicht zu meistern. Nur: Die Banken wollten uns nach wie vor nicht.

»Was tun?«, fragte Stefan.

»Wird schon«, sagte ich, langsam geübt im Problemelösen. Es musste weiter nachgedacht werden. Gespräche mit unseren Lieferanten zu suchen kam für mich nicht infrage. Ich wollte nicht, dass sie für uns Bank spielten. Entgegen aller üblichen Zahlungsmoral erhalten sie innerhalb von zehn Tagen nach Lieferung ihre Rechnungsbeträge. Faire Wirtschaft eben. So nahm ich mir die andere Seite meines Geschäfts vor: meinen Kooperationspartner. Die Rechnung war einfach. Würde ich ein noch kürzeres Zahlungsziel erreichen, bräuchten wir keine Bank. Der Stoff käme, wir würden ihn verarbeiten, die genähten Taschen liefern – und bezahlt werden. Anschließend könnte ich direkt die Kosten für den Stoff begleichen.

»So plant kein Betriebswirtschaftler, sondern nur ein völlig durchgeknallter Optimist«, beurteilte Stefan meinen »Kreativfinanzierungsplan«.

Am nächsten Tag erklärte ich einer verantwortlichen Person von dm meine Situation und bat um verkürztes Zahlungsziel.

»Überhaupt kein Problem«, ließ man mich wissen.

Und so geschah es. Wir erhielten unsere Rechnungsbeträge künftig mehr als zeitnah.

Auch in Sachen Unterstützung durch das Arbeitsamt hatten wir mittlerweile bei dieser Behörde deutlich an Glaubwürdigkeit gewonnen. Als wir das große Taschenprojekt starteten und nach Eingliederungszuschüssen fragten, hatte man sehr verhalten reagiert. »Zu unglaubwürdig«, so schätzten Arbeitsagenturbedienstete meine Idee ein. Monate später wendete sich das Blatt komplett.

»Frau Trinkwalder, Sie haben eine Übernahmequote in unbefristete Arbeitsverhältnisse von über 90 Prozent«, informierte mich unsere persönliche Ansprechpartnerin.

»Ich weiß, wir müssen an den 100 Prozent noch arbeiten«, versuchte ich mich zu entschuldigen.

»Machen Sie Witze? Das ist eine unglaublich gute Quote, die Sie da haben. Eigentlich nicht zu fassen. Wir rechnen hier mit Quoten in Höhe von 35 Prozent.«

Diese Tatsache eröffnete uns dieses Mal beim weiteren Ausbau der Belegschaft tatkräftige Unterstützung durch die Arbeitsagentur. Von den vierzig Neueinstellungen kam fast die Hälfte über diese oder aus Eingliederungsmaßnahmen. Man gewährte uns sogenannte Eingliederungszuschüsse, die sich zwischen 30 und 50 Prozent des Gehalts auf drei bis sechs Monate erstreckten.

Kritiker meines Projekts könnten jetzt rufen: »Ich wusste es doch, die macht sich reich mit Arbeitslosen!« Wer aber mit Menschen wie den Ladys einen Betrieb unterhält, weiß, dass solche Eingliederungszuschüsse eine Unterstützung sind, aber nicht annähernd die Kosten des Mitarbeiters decken. Jemandem, der noch nie an einer Nähmaschine gesessen hat, das Nähen beizubringen, dauert in einer Ausbildung (wenn man jung ist) drei Jahre. Wir bekommen durch die Zuschüsse für unsere älteren Mitarbeiter sechs Wochen bis drei Monate dafür vom Amt getragen. Und trotzdem ist es eine wertvolle Hilfe für ein Unternehmen wie unseres, da wir so die Zeit der Qualifikation nicht komplett alleine tragen müssen.

Nach einer Woche Finanzfummelei hatte ich einen Überblick. Durch die strafferen Zahlungsmodalitäten mussten Stefan und ich unser letztes Kapital nicht gänzlich investieren. Es blieb so viel, um den neuen Mitarbeitern zwei Monate das Gehalt zu sichern. Dann sollten sie sich tragen. Mussten sie sich tragen. Irgendwie. Knackpunkt war: das Investitionsvolumen. Geld für Maschinen. Es fehlten 75 000 Euro, die ich in dreißig neue Maschinen anlegen wollte. Schließlich mussten die neuen Mitarbeiter einen Arbeitsplatz haben.

»Na ja«, sagte Stefan, »deine Finanzplanung darfst du wirklich keinem zeigen. Da fehlen schon deutlich mehr als 75 000 Euro. Das ist eine hauchdünne Nummer, da darf nichts passieren!«

»Richtig. Aber hauchdünn kann ausreichen, wenn ich nur das Investitionskapital für die Maschinen hätte.«

Stefan sah mich liebevoll, aber müde an. »Schatz, ich hab nichts mehr, sonst hätte ich es dir gern gegeben.«

Daran zweifelte ich keinen Moment.

Doch die, die es hatten, gaben uns nichts. Schließlich ist das Verhalten von Banken einfach: Sie verkaufen dir bei Sonnenschein einen Regenschirm und nehmen ihn dir beim kleinsten Tröpfeln wieder weg. Mein Unternehmen ist in deren Augen ein Dauer-Taifun. Man möchte nichts damit zu tun haben, aber man sieht es sich aus der Weite gern an. Bestes Beispiel hierfür ist der Verbund der Genossenschaftsbanken, die Raiffeisenbanken. Sie luden mich als Ehrengast zu ihrem 150-jährigen Jubiläum nach Mainz ein, damit ich zusammen mit Gästen wie Wolf Biermann, Barbara Schöneberger und der Moderatorin Sandra Maischberger über Ethik und Verantwortung diskutierte. Ich nahm diese Einladung an, auch aufgrund der Tatsache, dass ich mir von einem direkten Draht zu einer Bank, einer Genossenschaftsbank, einiges versprach.

Die Veranstaltung selbst war sehr nett. Ich redete über mein Projekt, mein Verständnis von Wirtschaft und welche Art Banken Unternehmen wie meines benötigten. Nachdem die Diskussionsrunde beendet war, eilte der Ratspräsident des Genossenschaftsverbandes auf mich zu und sprach mit fast schon staatstragendem Unterton:

»Großartig, was Sie leisten. Aber Sie bekommen keinerlei Kredit? Das kann ich nicht glauben, ich werde mich persönlich darum kümmern.«

»Persönlich darum kümmern« hieß, dass ich bis heute, selbst auf Nachfrage, nichts mehr hörte.

»Ich weiß, das klingt jetzt verrückt, aber ich habe eine Idee«, verriet ich Miriam.

»Und die wäre?«

»Wir machen eine Aktion: Crowdfunding. Wenn wir schon kein Geld von den Banken und keine Subventionen aus der Politik erhalten, warum fragen wir nicht einfach Bürger? Anteile können wir nicht geben, weil wir sonst Probleme mit der Bankenaufsicht BaFin bekommen. Spenden können wir auch nicht annehmen, weil wir keine Behinderteneinrichtung sind. Die einzige Chance, die ich sehe: Bürger zu fragen, ob sie uns ein paar Euro schenken.«

»Du bist verrückt«, sagte Miriam.

»Nein, ich glaube daran. Warum sollten uns Menschen nicht unterstützen, die einen Zwickel übrig haben und sehen können, wofür ihr Geld verwendet wird? Uns sogar besuchen können?«, versuchte ich Miriam zu überzeugen.

»Ich weiß nicht«, antwortete sie.

Das aber überhörte ich.

Bereits den nächsten Pressetermin, den ich hatte, es war ein Interview mit der *Süddeutschen Zeitung*, nutzte ich für das Publikmachen der Aktion. Zugleich schaltete ich eine eigenständige Website und informierte die bayerischen Medien mit einer Rundmail. Innerhalb kürzester Zeit hatten wir die ersten 25 000 Euro zusammen. Ich war überwältigt. Menschen schrieben uns Briefe und legten einen Fünf-Euro-Schein bei, sie überwiesen uns Beträge mit »Viel Glück«-Überweisungszweck-Zeilen. Zahlreiche Unterstützer reisten an, sahen sich unsere Näherei vor Ort an, lernten die Ladys kennen und überreichten mir in geschlossenen Umschlägen, was sie erübrigen konnten.

Eines Morgens kam Stefan mit ungläubigem Kopfschütteln in mein Büro und sagte: »Es gibt noch andere Wahnsinnige wie dich. Eben hat uns jemand anonym 10 000 Euro für die Maschinenpaten geschenkt. Unglaublich, oder?«

Nein, dachte ich. Ich war wirklich davon überzeugt, dass es Menschen gibt, die von dem abgeben, was sie zu viel haben. Egal, ob 1 Euro oder 10 000 Euro.

Bereits eine Woche nach Start der Maschinenpaten ging ich volles Risiko, weil ich an die Kraft der Gemeinschaft glaubte: Ich orderte deutlich erhöhte Stoffmengen, kaufte dreißig neue Maschinen und schuf zweiunddreißig zusätzliche Arbeitsplätze.

Sechs Wochen nach unserer ersten Taschenlieferung war die wöchentliche Menge fast verdoppelt, zehn Wochen später verdreifacht – und Hilde hatte alles im Griff.

Als der Händler, bei dem ich meine neuen Maschinen gekauft hatte, von meiner Aktion mitbekam, rief er mich an.

»Ich habe gesehen, Sie haben bisher 55 000 Euro erlöst. Das ist ja enorm«, sagte er.

»Ja«, bestätigte ich. »Ich kann es immer noch nicht glauben.«

»Ich möchte Sie ebenfalls unterstützen. Überweisen Sie mir einfach 60 000 Euro, die restlichen 15 000 Euro sind mein Maschinenpatenbeitrag, ja?«

»Was?«, rief ich ungläubig ins Telefon.

»Ja, bitte nehmen Sie es an. Ich möchte, dass Ihre Sache groß wird. Sie hat es verdient. Es ist einmalig, was Sie machen, und ich möchte dazu beitragen. Ist ja auch nicht uneigennützig, wenn in meinem eigenen Land wieder meine Branche belebt wird.«

Ich war völlig baff. Leise bedankte ich mich, legte auf, um sofort Raffi anzurufen.

»Du, ich habe die Maschinen gerade 15 000 Euro günstiger bekommen. Ich möchte aber nicht, dass mein Händler draufzahlt.«

»Ui, bei dem Preis tut er das, aber nimm es an. Sina, wir wollen alle, dass du es packst!«

Immer mehr Medien griffen unsere Geschichte auf. Ob die *Welt,* der *Spiegel,* die *WirtschaftsWoche* – unser modernes Märchen von der Gemeinwohlwirtschaft und dem Schaffen von über sechzig Arbeitsplätzen für ehemals arbeitslose Menschen innerhalb eines Jahres machte überall die Runde. Aus dem Projekt, das man nicht ernst genommen hatte, wurde ein gestandener mittelständischer Betrieb, den man nun offenbar ernst nehmen wollte. Anders konnte ich mir einen erneuten Termin im bayerischen Landtag nicht erklären. Eigentlich war ich über das vergangene Treffen so verärgert, dass ich mir geschworen hatte, keine Termine mehr anzunehmen. Aber ich glaube an eine zweite Chance. Und so sagte ich zu, wenngleich ich das Treffen sehr offensiv eröffnete.

»Sehr geehrte Damen und Herren«, begann ich. »Ich besuche Sie heute zum letzten Mal. Ich habe nämlich keine Zeit, dauernd zu reden. Ich möchte machen. Und ich würde mich freuen, wenn Sie langsam mitmachen könnten!«

Ob meiner offenen Worte sahen mich erschreckt dreinblickende Gesichter an. Diese Direktheit schien man in den heiligen Hallen der Landtagspräsidentin nicht gewohnt zu sein. Diesmal hatten sich die Finanzen ausgeklinkt, dafür war das Soziale gleich dreiköpfig dabei. Nicht, um wirklich konstruktiv zu gestalten, sondern – richtig – um zu reden. Noch besser: um zu berichten. Und so berichtete man mir, dass man im Sozialministerium festgestellt hätte, ich würde wohl deren Einschätzung nach »alle möglichen Fördermöglichkeiten« bereits bekommen. Und wenn diese Einschätzung falsch wäre (sprich, man wusste, dass die eigene Einschätzung Blödsinn war), dann könne man gerne einen Termin mit den örtlichen Stellen für ein, ja, wen hätte es gewundert, Gespräch vereinbaren.

Mit »allen möglichen Fördermöglichkeiten« umschrieb der Amtsleiter übrigens die Eingliederungszuschüsse. Ich wies darauf hin, dass wir uns vielfach um Menschen kümmern, die überhaupt nicht beim Amt gemeldet seien. »Dann müssen Sie halt die Frauen erst ins Amt schicken, um sich arbeitslos zu melden«, antwortete der Herr Amtsleiter realitätsnah. Der Staatssekretär brachte erneut seine Erkenntnis vor, die ich im ersten Treffen schon erfahren durfte: »Wer nicht in der Statistik ist, existiert quasi nicht!« Und was nicht sichtbar sei, sei kein Problem. Zumindest für die Politik. Wie einfach es doch sein konnte …

Mit Nachdruck skizzierte ich noch einmal unsere Situation. Mit Beispielen und Vorschlägen versuchte ich die am Tisch Sitzenden zu überzeugen, dass es großartig wäre, wenn wir ein Qualifizierungsprojekt beginnen könnten. »Wir können darüber nachdenken, ein Projekt, gefördert durch den bayerischen Arbeitsmarktfonds, anzugehen«, warf der Staatssekretär ein. Die Landtagspräsidentin und ich, die ihr gegenübersaß, waren erfreut. Das klang nach Angehen. Auf meine Frage, in welchem Zeitrahmen sich die Realisierung dieses Projekts bewegen würde, winkte die Landtagspräsidentin ab: »Frau Trinkwalder, nehmen Sie mit, dass wir etwas tun werden, aber fragen Sie bitte nicht nach dem Zeitrahmen.«

Dennoch zufrieden fuhr ich nach Hause.

Einige Tage später erhielt ich eine erste E-Mail von dem Amtsleiter des Sozialministeriums. Sie beinhaltete das Angebot diverser Gesprächsvereinbarungen mit den örtlichen Stellen. Verdammte Hacke, ich habe keine Zeit, dauernd zu reden, dachte ich und gab einen fußballerischen Rückpass. Dass diese Gespräche nicht notwendig seien, schrieb ich. Und dass ich die kostbare Zeit seiner Leute lieber mit dem geplanten Projekt gestalten möchte.

Daraufhin erreichte mich eine zweite E-Mail. Ich öffnete, las und war wutentbrannt. Anstelle an unsere Unterredung anknüpfender Schritte hatte ich eine Liste von gesprächsbereiten Ansprechpartnern, die mir natürlich »gerne zur Verfügung stehen«, erhalten. Darüber hinaus (als ob ich mich nicht umgehend nach unserem Termin schlaugemacht hätte) einen Link auf die Website zum Arbeitsmarktfonds und zu hilfreichen Ausführungen:

Um Missverständnisse zu vermeiden, bitte ich Sie zu beachten, dass zum einen die Fondsmittel nicht in Konkurrenz zur Wirtschaftsförderung treten dürfen und wir mit ihnen nicht in den Wettbewerb eingreifen dürfen. Zum anderen sind wir aufgrund des Haushaltsrechts gehindert, Maßnahmen zu fördern, die vor der Förderzusage begonnen wurden. Natürlich setzt die Förderung u. a. vorhandene Haushaltsmittel sowie eine positive Auswahlentscheidung der zuständigen Gremien voraus.

In Kürze erklärt: Vergiss es, Mädchen. In etwas länger: Wir nehmen dich durchaus ernst, deshalb sichern wir uns dreifach ab. Wir wissen, dass du unserem Argument der Wirtschaftsförderung gute Gegenargumente bringen kannst. Deshalb möchten wir uns darauf berufen, dass nur noch nicht begonnene Projekte gefördert werden können. Aber, Mädchen, du bist ja nicht doof. Du würdest eine neue Gesellschaft gründen. Also schieben wir noch fein säuberlich nach, dass wir dafür einfach kein Geld haben werden.

Das Schönste: Das verlinkte Projekt-Dokument war so aktuell, dass ich meinen Projektantrag doch bitte bis Mai 2012 einreichen sollte. Anmerkung: Wir hatten Juli. Ich hatte nun begriffen, was man mir schon mitgeteilt hatte: Ich war zu schnell für die verwaltungstechnischen Prozesse. Ebenso hatte ich etwas anderes verstanden: dass Politikern und Staatsbediensteten das Reden reicht. Um des Redens willen. Denn wer nicht handelt, handelt sich keine Probleme ein und bleibt. Im Amt. Weil er nicht auffällt.

Mit diesem zweiten Termin und den darauffolgenden sinnlosen Rechtfertigungsmails schloss ich das Kapitel »Politische Unterstützung« endgültig. Und traf die Entscheidung, gegenüber Politikern künftig nicht mehr diplomatisch freundlich, sondern ehrlich zu sein.

17

ARSCHLOCH GEHT CHARMANTER

Die Näherei wurde immer größer. Die Taschenproduktion lief, wie ich es mir vorstellte: einem präzisen Uhrwerk gleich. Auch wurde meine Vorstellung eines sozialen Unternehmens Realität, gesteuert und geprägt von jedem einzelnen Mitarbeiter. Die Taschen waren der Einstieg in die große Produktion, und ich merkte mehr und mehr, dass man in Deutschland nur Menge produzieren kann. Würde man einen Ökonomen fragen, wie er das sähe, würde er den Kopf schütteln und sagen: »Niemals. Das geht auf keinen Fall!« Aber gerade das Gegenteil ist der Fall. Über die einfache Tätigkeit des Taschennähens fanden viele der Ladys wieder in die einst gewohnte Fingerfertigkeit. Mitarbeiter und Mitarbeiterinnen, die keinerlei Näherfahrung mitbrachten, wurden nach und nach hervorragende Textilfertiger. So gute, dass es bald schon zu einer Änderung kam.

»Sina!« Eine der Näherinnen kam auf mich zu. »Du hast uns ja erklärt, dass wir uns tragen müssen. Wenn wir 10 Euro verdienen wollen, müssen wir diese erwirtschaften.« »Richtig«, bestätigte ich.

In meinem Unternehmen hatte inzwischen weder ich festgesetzt, was für Löhne ich zahlen möchte, noch meine Ladys, was sie gern verdienen wollten. Gemeinsam hatten wir erarbeitet, was wir erwirtschaften können.

»Wir haben ausgerechnet, dass ich als Stepper fünfundsiebzig Säume in der Stunde schließen sollte, um mich zu tragen, richtig?«

Ich verstand den Sinn dahinter noch nicht, aber bestätigte die Aussage.

»Also«, fuhr die Näherin fort. »Wir wären eigentlich viel schneller. Manche könnten fast doppelt so schnell nähen. Würden wir das dann auch bezahlt bekommen?«

Ich musste lachen. Stets war es mein Ziel, meine Mitarbeiter zu Unternehmern zu »erziehen«, was mir augenscheinlich gelungen war.

»Selbstverständlich«, antwortete ich. »Wenn ihr es erarbeitet, bekommt ihr es auch. Wir sind ein Social Business, wir haben keine Anteilseigner, die Dividenden wollen. Ihr bekommt, was ihr erwirtschaftet.«

Teilhabe statt Umverteilung

Umverteilung ist in aller Munde. Ganz populistisch: Reich gegen Arm. Die Reichen werden immer reicher, die Armen immer ärmer. Ich wollte wissen, wer die Reichsten Deutschlands sind. Unter den ersten zehn Plätzen finden sich, laut *manager magazin* 2011, die Inhaber von Aldi, Lidl, die Familie Otto, die Familie Reimann (Jimmy Choo, Bally & Co.), die Familie Herz (kontrolliert Tchibo), die Haubs (kik, Woolworth, Zalando), die Deichmanns und s.Oliver-Inhaber Bernd Freier mit 1,7 Milliarden Euro Privatvermögen.

Allesamt große Namen im Bekleidungssektor, teils zum Hauptzweck (reine Modemarken), teils im Nebenerwerb (Discounter etc.). Ihr Vermögen gestaltet sich einfach: doppelte Umverteilung. Ausbeute der Arbeiter in den Produktionsstätten (fast alle, außer den Reimanns und den Deichmanns, unterschrieben das Brandschutzabkommen in Sachen Bangladesch) und überzogene Margen hier bei uns.

Ich erinnere mich an ein Gespräch mit einem Bereichsvorstand eines großen Versandhauses in Deutschland. Er kaufte in Asien für »unter 2 Euro« hochwertige Slips. Heute, als Textiler, weiß ich, dass das nicht zu diesem Preis fair produziert werden kann. Auch nicht in Asien. In Deutschland hingegen kostet dieser Slip dann 19,90 Euro. Der Kunde, selbst Niedriglöhner, spart es sich vom Munde ab. Zwei Fliegen mit einer Klappe.

Es ist aber nicht nur die globalisierte Produktion, die die Textilbranche zur wahren Vermögenshäufungsindustrie werden lässt. Es ist die Mode selbst. Immer schneller und kürzer werden die einzelnen Kollektionen, die der Kunde konsumieren muss, um »in Fashion« zu sein. Waren früher zwei Wechsel pro Jahr die Anker der Textilbranche, finden sich heute wöchentlich neue Kurzkollektionen in den Läden. Dass der Kunde sich diesem Diktat unterwerfen muss, dafür sorgt die Marketingmaschinerie der Modekonzerne. Blindes Umsatzwachstum auf Kosten der Qualität und zu Lasten derer, die die Produkte herstellen. Früher kannte man Ausdrücke wie »Sonntagshose« und »Werktaggewand«. Heute besitzen wir drei Outfits für einen Tag: für die Arbeit, Casual fürs Sofa und das Schicke zum Weggehen.

Der Umkehrschluss dieser Entwicklung hingegen funktioniert nicht: Es hängt in Zeiten von wochengültigen Kollektionen nichts mehr im Kleiderschrank. Im Gegenteil: Nach zwei, drei Wäschen ist der einst modische Fummel zum Putzlappen mutiert, dank geplanter Obsoleszenz. Das Schlimme an diesen konzipierten Sollbruchstellen ist die absolute Respektlosigkeit gegenüber demjenigen, der es herstellt. Wer von uns hätte Lust, gute Arbeit mit wissentlich minderem Material zu verrichten? Die Arbeit bleibt stets dieselbe. Durch diese Situation nimmt die Wertschätzung für das eigentliche Produkt seitens des Kunden mehr und mehr ab. Und somit auch die Anerkennung der Arbeit des Nähers. Schlechte, kurzlebige Qualität nämlich möchte niemand bezahlen. Ein Teufelskreis, der nur durchbrochen werden kann, wenn Qualität und Respekt in der Wertschöpfung erneut verankert werden.

Das bloße Kundtun, es verankern zu wollen, reicht nicht. Eine einzige Unterschrift unter einem weiteren Code of Wasauchimmer ist Augenwischerei. Um den notwendigen Respekt wiederherzustellen, bedarf es der Transparenz, der Grundlage aller Fairness.

Ich bringe gern das Beispiel des Kurzsichtigen. Unternehmen sind für mich Kurzsichtige ohne Sehhilfe. Ein klares Bild hat nur ein Einzelner. Überlagert man die einzelnen Sichtweisen vieler innerhalb eines Unternehmens, kommt ein unscharfes Bild heraus (die allgemeine Richtung). Was aber alle gemeinsam gut erkennen können, ist das Geschehen in der unmittelbaren Nähe. Deshalb bin ich der festen Überzeugung, dass wir die Werte, die wir für eine respektvolle Wirtschaft benötigen, vor unserer eigenen Haustür implementieren müssen. Wir müssen wieder für uns vor dieser Haustür fertigen. Völliger Blödsinn, mag der global agierende Manager nun denken. Ich halte dagegen. Vor kurzer Zeit bekam ich eine Einladung des Deutschen Generalkonsulats in Indien. Man hielt mich an, unbedingt in Bangalore, einer der Textilhauptstädte des Landes mit mehr als einer halben Million Beschäftigten in dieser Branche, mein Geheimnis zu verraten. Ich fragte, was mein Geheimnis denn sein solle, da ich mir nicht vorstellen konnte, was indische Textiler von mir wissen wollten. Man antwortete mir: »Die regionale Wertschöpfungskette.« Ich musste schmunzeln.

Unsere Konzerne sind weiterhin auf Ausbeutung in fernen Ländern gepolt, während man beginnt, in jenen fernen Ländern umzudenken. Erfreut sagte ich zu, nach Bangalore zu kommen. Nicht, weil ich gern ein paar Tage im schillernden Indien verbringen wollte. Sondern weil ich die Überzeugung teile, dass eine regionale Wertschöpfung und die damit verbundene Versorgung des eigenen Markts einiges ändern würden. Vielleicht sogar vieles. Eines aber ganz sicher: diese unsägliche, ungerechte, versteckte Umverteilung von Vermögen.

Es bliebe weniger Luft für utopische Margen. Diese sind nur möglich aufgrund zweier Gegebenheiten: Zum einen verdient immer dort ein Mensch mit wenig Arbeit viel Geld, wo auf der anderen Seite (des Globus) ein Mensch mit viel Arbeit wenig Geld verdient. Diese respektlose Ausbeute wäre dank hiesigen Arbeitnehmerschutzes zumindest in Grundzügen schlicht tabu. Höchst attraktive Margen wären nicht mehr möglich, denn die würden einigermaßen fair innerhalb der Wertschöpfungskette verteilt sein. Kurzum: Eine regionale Wertschöpfung ist Basis einer fairen Wirtschaft. Was aber ist eine faire Wirtschaft?

In längeren Gesprächen mit den Ladys haben wir gemeinsam herausgefunden, was fair in der Wirtschaft ist. Fair, so definierten es die Ladys, sei es, wenn der Produzent sich das Produkt, das er herstellt, als Kunde auch leisten könne. Teilhabe statt Umverteilung. Fair also ist, wenn jeder in anständiger Weise am Produktionsprozess partizipiert und jeder, der daran beteiligt ist, sich das produzierte Resultat auch leisten kann.

Meine Ladys können sich die Textilien, die sie produzieren, leisten. Weil sie einen ordentlichen Lohn bekommen, indem sie fair an der Wertschöpfungskette beteiligt werden. Zudem sind die Produkte erschwinglich, weil sie nicht künstlich durch »Putzerfische« verteuert werden. So nenne ich die unzähligen Zwischenhändler, die sich, ohne einen Finger krummzumachen, durch das Weiterverhökern von Ware dumm verdienen und nebenbei die Transparenz einer Wertschöpfungskette gänzlich zerstören. Im Vergleich zu meinen Ladys kann sich eine Näherin in Bangladesch das Sportartikel-Shirt, das sie näht und das zu einem Verkaufspreis in Europa im Laden hängt, der zwei ihrer Monatsgehälter entspricht, niemals leisten. Der fränkische Sportartikel-Manager mit 300 000 Euro Jahressalär hingegen täglich. Was er für das Produkt macht? Im besten Fall ein bisschen Marketing. Das, so sind sich die Ladys sicher, sei nicht fair.

Aber ob die Produzenten, die selbst unter dem Mantel von Fairtrade arbeiten, ihre eigene Ware kaufen können, wage ich stark zu bezweifeln. Zwar erhalten die Beschäftigten des fairen Handels zumindest einen Mindestlohn. Dieser aber ist in den Ländern, in denen sie leben, oftmals nicht ausreichend, um sich und die Familie zu ernähren, geschweige denn das hergestellte Produkt zu konsumieren. Die Fairtrade-Bewegung ist sicherlich ein Schritt in die richtige Richtung, gut ist sie noch lange nicht. Besser für die Menschen wird es erst, wenn fairer Handel in einer regionalen Wertschöpfung für regionale Zielmärkte erfolgt. Fair geht aber weit über die eigene Unternehmung hinaus. Die gesamte Wertschöpfungskette von A bis Z muss auf Basis des Respekts gestaltet werden. Von Anbeginn habe ich mit keinem einzigen meiner Lieferanten Preisverhandlungen geführt. Es gibt in meiner Wirtschaft keine Einkaufsabteilungen, deren einziger Selbstzweck es ist, Einsparungspotenzial im Vorlauf zu generieren, das sie im Nachhinein als Einzelner als Bonus mit nach Hause nehmen. Meine Weber, Stricker, Spinner und Zutatenproduzenten haben zu Beginn unserer Partnerschaft nur einen einzigen Satz von mir gehört: »Nennen Sie mir den Preis, der für Sie ausreichend und für mich fair ist.« Auch das ist Teilhabe statt Umverteilung.

Unter großem Jubel führten wir den von Hilde ausgearbeiteten Bonus ein. So konnte jeder mehr verdienen, wenn er wollte. Zudem steigerten wir die Produktivität bei gleichem Zeiteinsatz um über 30 Prozent. Das war gut so, denn ein neuer Taschenkunde kündigte sich an.

»Frau Trinkwalder, das ist ja alles richtig, was Sie erzählen, aber müssen Sie so ehrlich sein und jedem ins Gesicht sagen, dass er lügt und ein Arschloch ist?«, fragte mich ein Herr. Mitte vierzig, gepflegte Statur und, wie zahlreiche weitere Businesstypen, Besucher auf einem der Nachhaltigkeitskongresse, auf denen ich diesen Konzernyuppies gegen gute Gage den Spiegel vorhalte. Ich kämpfe leidenschaftlich gegen Greenwashing und Sozialdumping. Nur: Das wollen die meisten nicht hören.

»Ja«, sagte ich, »ich habe mich entschieden, nicht mehr nett zu sein, sondern ehrlich. Sonst bewegt sich nichts. Außerdem habe ich nicht ›Arschloch‹ gesagt!«

»Das mag stimmen, Sie haben es anders formuliert, aber so gemeint. Ganz ehrlich: Freundlich wäre netter«, hielt er dagegen.

»Aber nett bringt uns alle im Kampf für eine bessere Welt nicht weiter«, konterte ich.

Statt einer Antwort übergab mir der Mann seine Karte. Ich steckte sie achtlos in meinen Blazer und trat den Heimweg an.

Im Zug rief ich Miriam an und kotzte mich aus. »Ich habe nicht mal mehr Lust, diesen Idioten etwas über nachhaltige Wirtschaft zu erzählen, weil die es sowieso nicht checken«, wütete ich. »Da zahlen die 2000 Euro für so einen Kongress, hören sich acht Stunden Nachhaltigkeit an, gehen nach Hause und machen weiter wie bisher. Ich kann das Vortragshonorar sehr gut für manomama gebrauchen, aber ehrlich gesagt, ich muss damit aufhören. Zu meinem eigenen Schutz, sonst explodiere ich irgendwann auf der Bühne bei so viel Ignoranz und Verlogenheit.«

Miriam hatte dafür Verständnis.

»Dann hör auf. Mach nur noch, wozu du Lust hast. Deine Univorträge, da kannst du Ideen säen.«

»Guter Vorschlag ... Wobei heute einer wirklich klasse war. Er kam am Ende der Veranstaltung zu mir, und wir unterhielten uns sehr gut. Warte mal«, sagte ich, griff in meine Tasche und fischte die Visitenkarte heraus.

»Robert«, heißt er. »Robert Schweininger von der EDEKA Südwest. Für einen Konzernmenschen viel zu offen. Aber ich lerne ja nicht aus. Es gibt auch Gute in großen Unternehmen.«

Vier Wochen später saß der Gute mit einer Kollegin auf unserem Sonnenbalkon in der Näherei. Über sechs Stunden unterhielten wir uns, und ich hatte das Gefühl, mit Gleichgesinnten an der Weltrettung zu basteln. Anschließend luden mich die beiden zu sich in ihr Unternehmen ein.

Das Angebot nahm ich kurze Zeit später an, und ich durfte in dem Konzern alle Produktionsbereiche kennenlernen und hinter sämtliche Kulissen blicken. Zwölf Wochen später begannen wir für die EDEKA Südwest Taschen zu nähen. Aus Überzeugung. Auf beiden Seiten.

Der Bonus brachte mir zwar eine Produktionskapazitätssteigerung (was für ein grausames Wort), aber es war nicht annähernd ausreichend. Und so schufen wir erneut über zwanzig Arbeitsplätze. Zu den dm-Taschen kamen weitere Produkte wie Organizer und Kosmetiktäschchen, die wir für den Drogeriemarkt nähen durften.

Nicht zuletzt entschied ich, bereit zu sein für Kleidung in Menge. Die Manufakturtätigkeit war in den letzten Wochen aufgrund der erhöhten Taschenanzahl gänzlich eingeschlafen. Das musste ich ändern. Und der jetzige Zeitpunkt war genau der richtige. Die immer größer werdende Reichweite meines Projekts brachte es mit sich, dass wir begannen, weitere textile Produkte in hohen Stückzahlen zu produzieren. So begannen wir, unter Fabrikationsbedingungen Jeans zu fertigen. Bereits nach kurzer Zeit waren es solche Stückzahlen, dass wir schließlich die ersten Meter der »Augschburgdenim« standesgemäß im Augsburger Textilmuseum tim weben lassen mussten (unsere eigene Weberei war zu klein). Eines Tages besuchte ich die Museumsweber. Bereits als ich das tim betrat, fing mich Herr Weng, dienstältester Weber im Museum und einstiger kritischer Gegenspieler von mir, ab. Meine Idee, Textil wieder in Augsburg anzusiedeln, hatte er über viele Monate hinweg skeptisch begleitet. Er war derjenige, der mir das Scheitern bereits nach den ersten drei Monaten prognostizierte. Als diese vorbei waren, verlängerte er um ein halbes Jahr. Dann um ein weiteres Jahr. Und nun sei er, wie er mir jetzt sagte, mein »größter Fan«. Es machte mich stolz. Nicht, weil ich mich über zu wenige Fürsprecher beklagen konnte, sondern weil es etwas Besonderes für mich war. Herr Weng war einer der wenigen Menschen, die den gesamten Niedergang der Textilindustrie miterleben mussten. Ebenso versuchte er, wie zahlreiche seiner damaligen Kollegen, alles, um dieser Entwicklung entgegenzusteuern. Ihn durch Taten zu überzeugen, es trotz aller Widrigkeiten zu schaffen, war nicht mein Ziel gewesen, aber Ergebnis unserer Bekanntschaft. Und Basis seines Respekts mir gegenüber.

Ich erzählte ihm an diesem Tag, während wir zusammen in die Weberei gingen, von den engen Kapazitäten. Sofort kramte er in seiner Erinnerungskiste. Dazu setzte er sich an einen Tisch, schrieb einige Namen auf und sagte: »Die können Ihnen helfen, wenn es sie noch gibt. Die weben.«

In den nächsten Wochen begab ich mich auf die Suche nach den Lieferanten, die mir Herr Weng empfohlen hatte. Das Ergebnis war ernüchternd. Von vierzehn Firmen existierte gerade mal eine. Im Oberfränkischen wurde noch gewoben, wonach ich suchte: hochwertige Bekleidungsstoffe, eigentlich für Sakkos. Aus Wolle. Seit meinem Besuch in der Weberei auch wieder Jeans- und Hemdenstoffe. Aus Biobaumwolle.

Nach und nach erweiterte ich meine Zuliefererkette. Allesamt in Deutschland ansässig. Jeder verarbeitete auch das Garn meiner beiden Spinner. Das aber reichte mir nicht. Ich wollte bei ökologischer Kleidung eigene Standards setzen. Alles, was bis dato auf dem Markt angeboten wurde, war in meinen Augen halbherzig: hier weniger Chemie (bluesign), dort mehr Naturfasern (IVN, Internationaler Verband der Naturtextilwirtschaft), in den Herstellungsländern etwas sozialer (GOTS) und manches allein durch den Namen völlig irreführend für den Verbraucher (OEKO-TEX 100). Was aber alle Standards gänzlich aus den Augen ließen: die regionale Wertschöpfungskette, die Arbeitsbedingungen und Produktionsökologie im eigenen Land.

»Es möge Kinderarbeit vermieden werden«, ist in zahlreichen Siegelregeln zu lesen. Was aber muss ich mich darum kümmern, da es in meinem Land, wie so vieles, was in diesen Reglements niedergeschrieben ist, per se verboten ist? Vielmehr interessierte mich eine transparente Kette vom Feld in den Kleiderschrank. Mir war das faire Zusammenarbeiten von Lieferanten in der Region wichtig. Ich empfand es als notwendig, unsere Branche in meinem eigenen Land und den umliegenden Ländern in einem Siegel zu erfassen. So suchte ich mir den Partner, den ich für geeignet erachtete: Bioland. Bei Dirk Vollertsen stieß ich auf offene Ohren.

»Wir sind schon lange dabei, in die Richtung etwas zu entwickeln«, erklärte er bei einem persönlichen Treffen. »Schließlich beginnt das Kleidungsstück beim Rohstoff. Schurwolle, Hanf, Brennnessel, alles Rohstoffe, die meine Bauern liefern könnten.«

Dirk ist ein Bioland-Urgewächs. Seit über zwanzig Jahren ist er in dem Verband ökologischer Erzeuger für die Produktentwicklung zuständig. Was ich an ihm schätze, ist seine aufgeschlossene, strukturierte Art.

Gemeinsam saßen wir viele Stunden zusammen und sammelten Ideen und Vorstellungen. In einem waren wir beide uns einig: Wir geben uns Zeit. Zeit, derer es bedarf, einen sauberen Standard für Bioland-Biobekleidung zu entwickeln. Was aus Schnellschüssen entsteht, zeigten schließlich die unzähligen anderen Siegel. Dass dies eine gute Entscheidung war, wurde später immer wieder deutlich: Neuerungen in der Technik, aktuelle Erkenntnisse in der Forschung, all diese Dinge beeinflussen uns bei der Entwicklung unseres Mammutprojekts. Und werden uns sicherlich noch die nächsten Jahre begleiten.

18

SPD WILL REDEN

Die SPD möchte mit dir reden« las ich in der Betreffzeile. Schon wieder die Sozen, dachte ich. Eigentlich mag ich sie ganz gern, aber langsam schienen sie mir ein wenig zu penetrant. Erst hatte ich mich breitschlagen lassen, dem »Roten Frauensalon« der SPD in Berlin beizuwohnen. Es ging bei dieser Veranstaltung im November 2012 um Chancen von Frauen in der Wirtschaft. An sich war es ein eher fader Abend – bis zu dem Zeitpunkt, als die Moderatorin Minou Amir-Sehhi mich fragte, ob es denn stimmen würde, dass wir bei manomama wirklich jeden nähmen. Ich bejahte und blickte ins Auditorium des Willy-Brandt-Hauses. Es war Wahlkampfzeit. Deshalb war in Reihe eins selbstverständlich der Kanzlerkandidat Peer Steinbrück zugegen. Ich sah ihn direkt an und fuhr fort: »Jeden nehmen wir, auch Sie, Herr Steinbrück. Wenn das also im September 2013 nichts mit Kanzler werden sollte, kommen Sie zu mir. Ich lehre Sie den Zuschnitt. Das ist etwas Solides!« Das Publikum im Saal musste schmunzeln, der Kanzlerkandidat verlegen lächeln. Ich war nicht anders, als ich mir geschworen hatte: ehrlich.

Keine vier Wochen später durfte ich erneut nach Berlin. Wieder ins Willy-Brandt-Haus. Diesmal verlieh man mir den »Innovationspreis« der SPD. Preise verweigerte ich ja seit geraumer Zeit, und so wollte ich ursprünglich auch den der Sozialdemokraten ablehnen. Die Ladys aber bestärkten mich darin, ihn entgegenzunehmen und den Oberen in Berlin einen »schönen Gruß von der verlorengegangenen Basis« auszurichten. Sie hatten einen plausiblen Grund für die Annahme des Preises. Ich erinnerte mich in diesem Moment daran, was Raffi mir einmal erzählt hatte. Er hatte gesagt, die SPD unter Helmut Schmidt sei in den Augen der Textilschaffenden schuld gewesen, dass sie Ende der Siebziger ihre Arbeitsplätze in der Näherei verloren hätten. Die Ladys kannten die Kampagne ebenfalls. »Deshalb wollen wir den Preis so gern haben, als Wiedergutmachung!«, erklärten sie.

Nun war ich restlos überzeugt: Diesen Preis nahm ich an, allein um meine Preisredeminuten für die Ladys einzusetzen.

Als ich abends den festlich aufgestuhlten Saal im Willy-Brandt-Haus betrat, wartete man schon auf mich. Man wies mir einen Platz in der ersten Reihe zu.

»Bevor alles beginnt, will ich dir noch Frank-Walter vorstellen«, sagte Britta Erfmann, die auf mich zugetreten war. Britta Erfmann hatte mich zum »Roten Frauensalon« eingeladen und jetzt für den Preis vorgeschlagen. Als SPD-Vorstandsmitglied gehört sie zu den politisch Aktiven und zu den wenigen Menschen, die die Bodenhaftung im politischen Betrieb nicht verloren haben.

Da ich mich noch nicht gesetzt hatte, konnten wir beide jetzt auf Frank-Walter Steinmeier zusteuern. Er begrüßte mich mit den Worten, die zum Satz des Tages werden sollten:

»Sie sind doch die Frau mit der Homepage!«

Richtig, dachte ich. Wenn ich die Frau mit der Homepage bin, dann bist du der Mann mit der Politik. Laut sagte ich: »Nein, Herr Steinmeier. Ich bin die Frau mit den hundert ehemals arbeitslosen Näherinnen, die nun wieder Arbeit haben.«

Er verlor ein verwirrt-verlegenes »Ähm, ja, klar. Also ...« – und ging.

Sina Trinkwalder @manomama   198d

Folgen

"Sie sind also die Frau mit der Homepage". (Steinmeier)

Ich finde, der Satz hat das Zeug zum Buchanfang.

Wie schon einst Marcel Huber, der mir bei einer Preisverleihung eine Steilvorgabe gegeben hatte, war auch Frank-Walter Steinmeier großzügig. Bevor ich die Bühne betrat, um den Innovationspreis in Form einer Plexiglasscheibe in Deutschlandkontur, erdolcht von einem Bleistab (und das ist kein Witz!), entgegenzunehmen, tönte er in seiner Festrede: »Ich bin froh, dass wir immer an industriellen Arbeitsplätzen festhielten.«

Bei meinen Dankesworten verzichtete ich darauf, auf die Fehleinschätzung seiner Worte hinzuweisen, erzählte aber sehr wohl von den Ladys, die den Preis als »Wiedergutmachung« annehmen für das, was die SPD vor fünfunddreißig Jahren vergeigt hätte. Sie würden genau darauf schauen, ob man in Zukunft wieder eine gemeinsame Basis finden könnte.

Zu meiner großen Verwunderung verließ ich unter lautstarkem Applaus die Bühne. Nach dem anschließend aufgenommenen Preisträgerfoto mit mir suchte Steinmeier das Weite. Stattdessen durfte ich mir die scharfsinnigen Worte der Frau Zypries anhören, der ehemaligen Bundesjustizministerin. Sinngemäß lauteten sie: Sie könne bei meinem Projekt nicht wirklich das Innovative erkennen, weil mit ausgiebigen Fördermitteln jeder eine Behindertenwerkstätte hinbekäme.

Britta Erfmann erkannte, dass ich zunehmend gereizt war, und zog mich in Richtung Bar. Ein Glas Prosecco – und mein Blutdruck normalisierte sich.

»Es gibt solche und solche in einer Partei«, schmunzelte sie. »Das ist der Grund für mich, niemals in einer zu sein. Weder in einer solchen noch solchen.«

Schließlich las ich die E-Mail mit dem Betreff: »Die SPD will mit dir reden.« Darin stand, dass Peer Steinbrück sich einige Monate vor der Wahl schon einmal seinen möglicherweise neuen Arbeitsplatz ansehen wolle. Der hat Eier, dachte ich. Dasselbe sagte ich seinem Koordinator am Telefon. Eigentlich öffne ich meine Näherei nicht für Politikerbesuche, aber den Mut wollte ich belohnen. Und so sagte ich zu.

Drei Tage vor dem Besuch erhielt ich erneut eine E-Mail, in der mir mitgeteilt wurde, wer neben Peer Steinbrück ebenfalls der Besichtigung beiwohnen würde. Es folgte eine lange Liste mit Namen von kommunalen und regionalen Politikern.

Das waren die ganzen Nasen, die ich in den letzten zwei Jahren um Hilfe gebeten hatte, und kein Einziger von ihnen hatte auch nur einmal Interesse gezeigt hat. »Nein«, entschied ich. Telefonisch bat ich den Koordinator, die gesamte Entourage auszuladen. Andernfalls könne ich auf den Besuch des Kanzlerkandidaten verzichten.

Am Vorabend des Termins erhielt ich einen Anruf. Ehrlich gesagt: Ich dachte, dass Steinbrück den Besuch absagen würde. Schließlich eignete sich der Besuch der Nähhalle gänzlich schlecht für den Wahlkampf, denn ich hatte auch kaum Presse akzeptiert.

Und dann war Peer Steinbrück da. Gemeinsam schlenderten wir durch die Produktion. Leider nahm er keine einzige Möglichkeit wahr, mit meinen Ladys zu sprechen. Einen Elfer aus drei Meter Entfernung zu verschießen muss man auch erst einmal hinbekommen, dachte ich.

Der gemeinsame Kaffee hingegen war ein Erlebnis. Dass die Presseabsenz (bis auf wenige Fotografen) zu seinem Vorteil wurde, war nach zehn Minuten Gespräch klar. Flammend plädierte ich für einen ordentlichen Mindestlohn. 8,50 Euro seien ein Anfang. »Wenn meine Ladys hier 10 Euro die Stunde erwirtschaften können, dann schaffen das normale Unternehmen mit einer Personalabteilung, die stark selektiert, erst recht!«, bestärkte ich meine Forderung.

Was sich meiner Ausführung anschloss, waren nicht die Worte eines sozialdemokratischen Kanzlerkandidaten, vielmehr sprach der Schattenwirtschaftsminister der FDP. Dieser erklärte, dass höhere Löhne eine Preissteigerung mit sich brächten, die der Kunde nicht tragen könne. Ich muss derart perplex aus der Wäsche gesehen haben, dass Peer Steinbrück meinen Gesichtsausdruck als »Sie hat das jetzt wohl noch nicht ganz begriffen!« gedeutet haben muss, denn er setzte erneut an, um mir seine Logik anhand eines griffigen Beispiels zu erklären. Er sprach vom schlecht bezahlten Friseur, der 5 Euro die Stunde bekäme. Würde dieser nun mehr verdienen, würde ja der Haarschnitt auch teurer sein. Damit wäre niemandem geholfen.

Nun ergriff mich blanke Verzweiflung. Wie kann man solch einen Menschen zum Kanzlerkandidaten einer sozialdemokratischen Partei machen?, dachte ich. Um die Situation aufzulösen, versuchte ich es mit Humor: »Lieber Herr Steinbrück, selbst bei schütterem Haar und angehender Glatze muss man halt tiefer in die Tasche greifen für einen guten Haarschnitt!«

Wir wechselten schnellstmöglich das Thema, und ich erzählte ihm von meinen »Problemchen« einer Sozialunternehmerin. Dann, auf einmal, sagte er sinngemäß: Frau Trinkwalder, wir machen das so. Ich erfülle Ihnen drei Wünsche. Die müssen Sie mir jetzt nicht erzählen. Überlegen Sie sich die drei Wünsche gut, und wenn ich Kanzler bin, hole ich Arbeit, Wirtschaft und Sie an einen Tisch, und wir realisieren diese Wünsche.

In diesem Moment wusste ich nicht, ob ich lachen oder weinen sollte. Ich hatte ja auch einmal meine Ladys drei Wünsche aufschreiben lassen. Aber diese Gönnerhaftigkeit, diese maßlose Selbstüberschätzung hätte ich ihm nicht zugetraut. Und so versuchte ich die Situation abermals humorvoll zu retten, indem ich konterte: »Herr Steinbrück. Einen Wunsch gebe ich Ihnen gleich mit auf den Weg. Werden Sie Kanzler. Sonst nützen mir die anderen beiden Wünsche nichts!«

Wir beendeten das Gespräch, und ich begleitete Steinbrück hinaus zu seinem gepanzerten Auto. Kurz vor dem Einsteigen flüsterte er mir zu:

»Es ist toll, was Sie hier machen. Aber Ihnen ist schon klar, dass Sie sich da selbst helfen müssen?«

Ein ehrlicher Politiker, dachte ich, richtig sympathisch. Laut sagte ich: »Ich weiß.«

Inständig hatte ich nach diesem Treffen gehofft, dass sowohl der Mindestlohn-Fettnapf als auch die Wunsch-ist-Wunsch-Aktion niemandem aufgefallen war. Aber Fehlanzeige. Auf Facebook erinnerte sich der Fotograf von *dpa* sehr gut. Aber er hatte sich auch erinnert, dass eigentlich keine Presse anwesend sein sollte. Und so erfuhr trotz Öffentlichkeit des gesamten World Wide Web niemand, wer derjenige war, über den der Fotograf und ich im Netz sprachen. Bis eben.

19

WELTRETTEN ÜBERN ÄTHER

Taschen für dm, Taschen für EDEKA, alles lief routiniert ab. Die Jeansproduktion kam in Gang, und langsam, aber stetig, wuchsen wir. Ich nutzte meine freie »Luft« für einige Talkshow-Auftritte, um auch in der Öffentlichkeit Sprachrohr für meine Mitarbeiter und all jene Menschen zu sein, die den Ladys ähnlich sind.

In der ersten Talkshow, in der ich auftrat, bei Anne Will (übrigens eine sehr sympathische, authentische Moderatorin), ging es um »Altersarmut«. Ein Schicksal, das auch viele meiner Ladys getroffen hätte, wenn sie nicht den Weg zu uns gefunden hätten. Um ehrlich zu sein: Manche wird es trotz Beschäftigung bei uns treffen, weil sie schlicht zu kurz zu wenig in die Rentenkassen eingezahlt haben. Wer mit fünfundfünfzig Jahren zu uns kommt, für den wird es knapp. Politiker wissen das, ändern jedoch nichts. Im Gegenteil. Statt eine Renaissance des Generationenvertrags anzustreben, halten Parteien freies Handeln und Selbständigkeit hoch. Junge Menschen werden angehalten, in der Kreativwirtschaft mehr schlecht als recht zu arbeiten, und die Generation Praktikum ist sowieso verloren. Dieses Prozedere ist auch bequem und einfach für Unternehmen, bedeutet es doch: Kräfte nur so lange beschäftigen, wie man sie benötigt. Anschließend sich derer entledigen. Verantwortungsvolles Unternehmertum sieht, wie gesagt, anders aus.

Meine Meinung vertrete ich klar und deutlich. In Gesprächen, in den sozialen Netzwerken und, wenn es Themen sind, die mich wirklich interessieren, auch in Talksendungen. Diese Freiheit, immer meinen Standpunkt ehrlich kommunizieren zu können, beruht auch auf der Tatsache, dass ich absolut unabhängig bin. Ich schulde niemandem etwas. Ich bin keinem Politiker einen Gefallen schuldig, weil er irgendwann einmal etwas für mich getan hat. Ich muss keine Rücksicht auf Lobbyisten jedweder Natur (ob wirtschaftsnah, ob auf NGO-Seite) nehmen, weil man mein Projekt und mich immer ignoriert hat. Niemand kann mir das Wort verbieten, indem man meiner Bank einen Tipp gibt, mir den Kredithahn abzudrehen. Denn: Was möchte man abdrehen, wenn überhaupt nichts fließt? Diese Meinungsfreiheit ist unbezahlbar. Nur man muss mich lassen.

Als ich im Mai 2013, der Zeit, in dem das Brandschutzabkommen für Bangladesch von zahlreichen Unternehmen unterschrieben wurde, erneut zu einer Talksendung in der ARD eingeladen wurde mit dem Thema »Billigkleidung aus Bangladesch – sind wir schuld am Tod der Näherinnen?«, brannte mein Herz. Endlich, dachte ich. Endlich geht es in dieser Diskussion um Wahrheiten und nicht nur um Standpunkte der jeweiligen Interessenvertretungen. Anders konnte ich mir eine Einladung meiner Person nicht vorstellen. Ohne zu zögern sagte ich zu. Es dauerte einige Tage, bis die Bestätigung kam. Nach Informationen der Redakteurin, die mich betreute, gestaltete es sich äußerst schwierig, eine »interessante« Gesprächsrunde zusammenzustellen. Der Handel hätte komplett abgelehnt, die Modebranche ebenso. Selbst Handelsverbände weigerten sich, in die Sendung zu gehen. Entwicklungsminister Dirk Niebel hingegen sei aber jetzt dabei sowie eine Vertreterin der Sauberen Kleidung.

Saubere Kleidung? Ich erinnerte mich vage. Diese Vereinigung kreuzte bereits vor geraumer Zeit meinen Weg. Eine Kundin von manomama hatte ihr eine E-Mail geschrieben: »Seit April gibt es in Deutschland manomama.de. Ich bin der Ansicht, dass dieses Unternehmen ganz unbedingt auf Ihre Whitelist gehört. Bio-Kleidung bis runter zum Nähfaden und unter mehr als sozialen Bedingungen gefertigt und vertrieben. Auf Twitter erreichen Sie die Gründerin unter @manomama.«

Eine Dame der Clean Clothes Campaign, der Sauberen Kleidung, antwortete meiner Kundin: »Wir führen keine Whitelist, von daher können wir das von Ihnen vorgeschlagene Unternehmen auch nicht aufführen. Da manomama ausschließlich in Deutschland produzieren lässt, würde mich interessieren, ob es bei dem Unternehmen einen Betriebsrat gibt. Dazu konnte ich auf der Homepage von manomama nichts finden. Haben Sie dazu Informationen?«

Freundlicherweise hatte mir unsere Kundin diesen Dialog weitergeleitet. Zunächst war ich etwas verstört. Warum gibt es eigentlich keine Whitelist?, fragte ich mich. Andere NGOs wie beispielsweise Greenpeace haben sehr wohl Einkaufsratgeber für Lebensmittel oder sonstige Produkte. Und wenn man keine »Weiße Liste« hatte, bedeutete das nicht, dass man nur meckern wollte? Diese Frage stellte ich auch Stefan, und seine Antwort erschien mir sehr plausibel: »Hilfsorganisationen sind notwendig, aber manche Einrichtungen haben eine schwierige Entwicklung genommen. Denn um Gutes zu loben, braucht man keinen weltweit aufgeblasenen Apparat. Die leben davon, dass sie das Böse finden.« Wie recht er haben sollte, durfte ich in der Talksendung erfahren.

Pünktlich traf ich in Berlin ein. Während mich ein Fahr-
dienst des Senders zum Studio brachte, rief ich meine
E-Mails ab – und entdeckte brisante Informationen in meinem Postfach. Jemand, dem ich sehr vertraue, hatte mir
Informationen aus erster Hand zum Thema Brandschutzabkommen geschickt. Ich konnte es kaum glauben, was ich
da las. Die kurze Pause zwischen Ankunft im Studio und
der Aufforderung, sich bitte in die Garderobe zu begeben,
nutzte ich für drei längere Telefonate. Zuerst sprach ich mit
einem Entwicklungshilfespezialisten, danach bat ich einen
Sozialwissenschaftler um seine Einschätzung, und als Letztes rief ich einen Mitarbeiter eines Handelsunternehmens
an. Alle drei bestätigten, dass das Brandschutzabkommen
ein reines Feigenblatt sei. Feigenblatt der NGOs, der Nicht-
regierungsorganisationen, und der Politik.
Na bravo, dachte ich.

100 % Bangladesch-frei

Asien, der verpönte Produktionskontinent. Und dennoch
sind sie alle da. Dort, wo man am billigsten Konsumgüter
für den reichen Westen herstellen kann. Am schlimmsten,
darf man Medien und NGOs glauben, müsse Bangladesch
sein. Und so schossen sich jene auf dieses Land ein. Über
hundsmiserable Bedingungen in den umliegenden Ländern wie China, Indien oder Pakistan liest man selten, hört
man kaum. Dafür kursieren umso mehr grausame Nachrichten aus Bangladesch. Völlig sarkastisch könnte man
den Einsturz der Nähfabrik in der Hauptstadt Dhaka Anfang Mai 2013 mit anschließend über neunhundert Toten
und unzähligen lebenslang gehandicapten Menschen als

einen wahren Segen für Organisationen bezeichnen, die davon leben. Es dauerte nicht lange, da präsentierten dann auch sechs NGOs das sogenannte »Brandschutzabkommen für Bangladesch«. (In der Talksendung entdeckte übrigens Entwicklungsminister Niebel, dass er und seine Regierung daran mitgewirkt hatten.)

Ich habe mir das Abkommen im Original durchgelesen. Ein Fetzen Papier, das so konkret ist wie ein Rorschach-Bild. Und die wenig konkreten Punkte sind so realistisch wie der Weltfrieden. Das Einzige, was sehr genau betitelt wurde, waren die bis zu 500 000 US-Dollar im Jahr. Kosten, die jeder einzelne beigetretene Wirtschaftspartner bereitstellen muss, um die Maßnahmen für eine Besserung in Bangladesch durchzusetzen. Zum Zeitpunkt der Unterschrift waren sowohl die Maßnahmen als auch deren Umsetzung unklar. Einzig vage Ziele wurden formuliert. Dass Arbeiter keine Lohneinbußen in der Zeit haben dürfen, wenn die Fabrik auf Brandschutz untersucht wird. Oder dass man ihnen eine adäquate Stelle anbieten müsse, würde nach einer Prüfung die Arbeitsstätte geschlossen werden. Hehre Ziele, hohe Kosten, null Plan.

Um an diesem »Plan« als Wirtschaftspartner mitarbeiten zu können, mussten die Konzerne jedoch erst unterschreiben. Das war der Wunsch vieler Vertreter internationaler Gewerkschaften. Handelsunternehmen durften also nur mitwirken, wenn sie vorher ein finanzkräftiges »Ja, ich will« unterschrieben. Unterschreibe der handelnde Konzern nicht, so hieß es, könne er mit lautstarkem und gut organisiertem Protest in den Zielmärkten rechnen. Der Jurist würde das Nötigung nennen.

Dennoch unterzeichneten in kürzester Zeit über vierzig Konzerne und Modemarken diese Nebelbombe. Aus drei Gründen: Allen voran fürchten die Unternehmen den

Imageverlust am Zielmarkt, also bei den Kunden. Selbst Firmen, die weniger als ein Prozent Ware aus Bangladesch im Angebot haben, signierten deshalb. Der Schaden in Deutschland, erklärte mir der Mitarbeiter eines Handelskonzerns, wäre möglicherweise sonst zu groß. »Hier stehen ebenso Arbeitsplätze auf dem Spiel. Und ändern kannste da unten eh nichts. Dat janze Land is vollkommen korrupt. Die Regierung interessiert sich nicht für dat Volk.« Den zweiten Grund bestätigte mir der von mir vor der Talkshow-Sendung kontaktierte Sozialwissenschaftler: Es ist davon auszugehen, dass eine flächendeckende Kontrolle in Bangladesch seitens der Auftragsländer völlig realitätsfern ist. Und, ehrlich gesagt, kein Ziel sein kann. Noch mehr ökonomische Besatzung und moderner Kolonialismus wäre das Resultat. Bereits heute ist es mehr als kritisch zu sehen, wie gut entwickelte Länder schwächere Länder ausbeuten. Darüber hinaus ist die Implementierung einer gewerkschaftlichen Struktur in Bangladesch lebensbedrohlich. Die Konzerne konnten also getrost den Wisch unterschreiben, weil die Wahrscheinlichkeit der Umsetzung eher gering wäre. Würde es dennoch gelingen, käme der dritte Grund zum Tragen.

Dieses Abkommen galt und gilt allein für Bangladesch. Diese Tatsache macht alles nur schlimmer. Die Primarks, kiks & Takkos, aber auch die teuren Marken, die im Billiglohnland produzieren, werden weiterziehen nach Myanmar, Indonesien und Kambodscha. Sie werden dort in gleicher Weise weiterproduzieren und die Produkte im Westen als »100 Prozent Bangladesch-frei« verkaufen. Wir werden glauben, dass es dann gut ist. Ein Fehlglaube.

In der Garderobe wechselte ich kurzerhand Hoodie und Hose gegen ein rotes Wickelkleid und ließ mich in der Maske kameratauglich schminken. Dort fing die »Manipulation« an. Mit dem Schminken ist es wie mit der Kleidung: Mit fünfzehn probiert man jede Menge aus, mit fünfundzwanzig wird die Linie konkret, und mit fünfunddreißig weiß frau genau, was sie trägt – und was nicht. Deshalb bat ich die Visagistin, mir, wie immer, dunkle Augen zu schminken (damit hinter meiner großen Brille zumindest Augen zu erahnen sind) und rote Lippen.

»Da muss ich sehen, wie weit ich gehen kann«, war die Antwort. Völlig verdutzt sah ich die junge Stylistin an. Sie fuhr fort: »Der Moderator mag es nicht, wenn zu viel geschminkt wird!«

Das fängt ja gut an, dachte ich. Aber es kam noch besser. Nach Maske und Outfit wurde ich zum Vorgespräch, einem Vier-Augen-Gespräch, mit eben jenem Moderator gebeten. Ich war etwas perplex, denn bei Anne Will hatte man auf Authentizität vor der Kamera gesetzt und auf ein solches Gespräch verzichtet.

Meine Betreuung führte mich eine Treppe hinauf und öffnete die Tür zu einem Raum, in dem der Moderator auf einem Sofa saß. Er erhob sich, begrüßte mich freundlich und entfernte sich die im Kragen steckende Serviette. Ich wurde gebeten, auf dem gegenüberstehenden Sofa Platz zu nehmen, der Moderator ließ sich wieder auf seiner Couch nieder. Zwischen kleinen Snacks und dem Sortieren von Moderationskarten erklärte er mir den von ihm geplanten Sendungsaufbau. Sehr schnell bemerkte ich, dass der relativ wenig mit dem zu tun hatte, was ich unter einem Gespräch zum Thema Billigkleider in Bangladesch verstand. Mehr und mehr bekam ich den Eindruck, dass die Sendung ein Forum für Politik und NGOs werden sollte. Als ich anschließend einwarf, dass das Brandschutzabkommen für Bangladesch nicht so einfach sei, wie er es sich wohl vorstelle, beendete er das Gespräch mit dem Hinweis, dass er meinen Part seiner Talkshow eher im zweiten Teil sehen würde.

Prima, dachte ich. Warum eigentlich überhaupt?

Gleich darauf wurde ich ins Studio geleitet. Alle weiteren Gäste waren bereits plaziert. Was mir sofort auffiel, weil ich es für mehr als befremdlich hielt: Die extra aus Bangladesch eingeflogene Menschenrechtskämpferin und ehemalige Näherin war überhaupt nicht in der Runde vorgesehen. Vielmehr wurde Nazma Akter auf ein dem Hauptgeschehen entferntes Podest gesetzt – für ein Einzelinterview. Wie immer, dachte ich. Wir reden hier über etwas und sehen uns das, was auch uns betrifft, von der Weite an.

In diesem Moment betrat der Moderator das Studio, begrüßte sein Publikum charmant und professionell und begann die Diskussion. In der Eröffnungsrunde wurde ich nicht angesprochen, auch nicht in den nächsten dreißig Minuten – so wie mir prophezeit worden war. Dann aber wandte er sich mir zu, hielt ein kik-Shirt in die Höhe und kitzelte meine Kompetenz heraus: »Was darf diese kik-Bluse kosten?«, fragte er mich spitzbübisch-erwartungsvoll.

Völlig überrumpelt ob dieser sinnfreien Frage, gab ich eine Einschätzung ab. Dann ging das Geplänkel zwischen NGO und Politik weiter. Irgendwann wurde es mir zu flach, und ich ergriff das Wort. In dem Moment, als erneut dem Konsumenten die »Schuld« in die Schuhe geschoben werden sollte. Ich klärte auf. Der Konsument habe am wenigsten Schuld, informierte ich. Schließlich gebe es keinerlei Transparenz. Man wisse nicht, woher Kleidungsstücke stammen. Es reicht, wenn die letzte Naht, der letzte Ersatzknopf in Deutschland angenäht wird, und schon ist es »Made in

Germany«. Das könne kein Kunde nachvollziehen. Deshalb plädierte ich für gesetzliche Transparenz und rigorose Einfuhrregeln aus Asien.

Diese Aussage schien nicht zu passen: dem Entwicklungsminister nicht, weil seine parteinahen Wirtschaftsfreunde der CDU ihr Geschäftsmodell in Gefahr sahen. (Augenblicklich war mir die Aussage der Kanzlerin Angela Merkel, die sie kurz zuvor auf dem Deutschen Evangelischen Kirchentag 2013 formuliert hatte, eingefallen: »Die Textilfabriken in der Dritten Welt. Da müssen wir Europäer aufpassen, dass wir Bangladesch durch strengen Arbeitnehmerschutz nicht den Wettbewerbsvorteil kaputt machen!«[*])

Dem Moderator schien meine Bemerkung nicht gelegen zu kommen, hatte er die Sendung doch ganz anders geplant. Und auch die Dame von der Sauberen Kleidung unterstützte mich nicht. Ich verstand die Welt nicht mehr. Eigentlich dachte ich, dass wenigstens sie über ein bisschen saubere Kleidung erfreut wäre. Aber weit gefehlt. Sie nämlich tat mein Engagement in Deutschland als »ist ja alles ganz nett« ab, aber schließlich wolle man in der Dritten Welt richtig produzieren. Bei genauerer Betrachtung auch einleuchtend: Würde weltweit sauber produziert, bräuchte man Engagements wie ihres nicht mehr. Manche NGOs leben vom Leid der anderen nämlich ganz gut unter dem Deckmäntelchen der »Hilfe«.

Normalerweise wäre ich mitten in dieser Livesendung aufgestanden und gegangen. Es war aber kurz vor dem Ende der Talkshow, und Ranga Yogeshwar, ebenfalls Gast und Kritiker des Brandschutzabkommens, bekam als Schluss-

---

[*] www.welt.de/politik/deutschland/article115865239/Angela-Merkels-asymmetrische-Demobilisierung.html

wort die Möglichkeit, zu formulieren, was ihm (und auch mir) auf dem Herzen lag. So blieb ich sitzen.

Beim anschließenden Umtrunk im nahe gelegenen Restaurant waren sich die Dame der Sauberen Kleidung, der Minister für Entwicklungshilfe und der Moderator einig: Wein und Pizza darf es sein. Ich hingegen verbrachte die Zeit mit Sendungsredakteuren, die mindestens genauso »zufrieden« mit den eben gedrehten Minuten waren wie ich. Dennoch war ich sehr dankbar für diese Erfahrung. Schließlich lehrte sie mich, was mir bis dato nicht augenscheinlich war. Die konventionellen Wirtschaftstreibenden mögen meine Gegner sein. Gegner aber bedürfen einander oftmals mehr als Freunde. Schließlich gehen ohne Wind keine Mühlen. Politiker und Interessenverbände hingegen, deren Beschäftigungsmodell auf dem Leid anderer Menschen gegründet ist, scheinen zunehmend meine Feinde zu sein.

Die Talksendung zeigte es deutlich: Entwicklungshilfeminister und Saubere-Kleidung-Aktivistin waren lebendiges Beispiel eines Kartells der »Gutmenschen«, die ihren Nimbus, nämlich den Armen in Bangladesch zu helfen, sendeminutenlang auskosteten. Dabei schien es ihnen aber mehr um die Rechtfertigung der eigenen Existenz zu gehen. Wäre es ihnen ernst, würden sie weltweite Mindeststandards für einen Markt – den Weltmarkt – einfordern und nicht Land für Land »verbessern« wollen. Mithilfe dieser Salamitaktik aber sichert man sich vermeintliche Arbeit auf Jahrzehnte. Mein Engagement, sauber vor unserer eigenen Haustür zu produzieren, nahmen beide kaum wahr. Ich aber wollte nicht, dass man uns nur als nette Spielerei und nicht als Alternative sieht.

20

SPIELWIESENWECHSEL

Von Spielerei konnte aber längst nicht mehr die Rede sein, schon vor der unsäglichen Gesprächsrunde. Nur war das noch nicht bei mir ins Bewusstsein vorgedrungen. 2012 hatte ich die E-Mail eines »Bösen« bekommen. Eines Category Managers, also Warengruppenmanagers, des Metro-Konzerns. In dieser E-Mail bat er um ein Treffen, er würde sich mein Projekt gern einmal ansehen. Abends, beim Nähmaschinenschrauben, erzählte ich Raffi davon. Völlig ungläubig ließ er seinen Schraubenschlüssel fallen und ermahnte mich:

»Weißt, Mäusle, wann du mir am meisten imponiert hast?«

»Was soll denn das jetzt?«, fragte ich verwirrt.

»Vor ungefähr einem Jahr waren zwei Leute von einem Versandhaus hier. Die wollten, dass du für sie produzierst. Und, was hast du gesagt?« Da fiel es mir wieder ein, und ich musste schmunzeln. »Nein«, fuhr Raffi fort. »Nein, hast du gesagt. Gehen Sie nach Hause und bezahlen Sie Ihre Leute ordentlich. Von 7,20 Euro Stundenlohn im Versand kann keiner leben. Schmeißen Sie die Alten nicht mehr raus, und wenn Sie Ihren Laden in Ordnung gebracht haben, dann können Sie wiederkommen. Hast du gesagt!«

»Richtig«, bestätigte ich.

»Eben. Ich dachte: Mensch, die spinnt. Da baut sie ihr Geschäft auf und lehnt alles Lukrative ab, was ihr nicht ins Konzept passt.«

»Das ist bis heute so. Was meinst du, wie viele Anfragen wir von diesen Grünwäschern bekommen? Niemandem produziere ich auch nur ein Stück, der …«

Raffi unterbrach mich. »E-b-e-n. Und jetzt willst du dich mit einem von der Metro treffen?«

»Ja. Weil ich sein Anschreiben sehr sympathisch fand und weil ich etwas beschlossen habe.«

»Und das wäre?«

»Wir können nicht immer nur schreien, aber nicht helfen, Dinge, die uns missfallen, zu ändern. Warum also nicht den Warengruppenmanager eines Konzerns kennenlernen. Die Metro behandelt ihre Leute ordentlich, es wird Tarif gezahlt. Die Textilien kommen bestimmt aus Asien. Aber woher soll ein Einkäufer sie auch nehmen, wenn er nichts anderes bekommt, selbst wenn er nachfragt? Warum sollte ich ihn nicht beliefern, wenn er unsere Konditionen respektiert? Warum nur schreien, nicht machen?«

Raffi sah mich einen Moment an, neigte den Kopf und strich sich über seinen Bauch. Diese Diskussion um Kooperationen mit dem Handel kannte ich bereits. Als ich via Twitter unsere Zusammenarbeit mit dem Drogeriemarkt dm kundtat, war meine Timeline gespalten. Diejenigen, die wussten, dass dm ein wirklich gutes Unternehmen ist, zeigten sich über den gemeinsamen Weg sehr erfreut. Die anderen ließen kein gutes Wort am Taschenprojekt. Wie manomama nur Grünwäschern helfen könne, war der einhellige Vorwurf. Ich hielt stets dagegen. Erklärte, dass wir sehr gern mit dem Drogeriemarkt zusammenarbeiten, schließlich sei die Firma von Götz Werner ein Vorzeige-konzern. Zudem war und bin ich nach wie vor der Meinung, dass Änderung in Unternehmen nur herbeigeführt werden kann, wenn man bereit ist, den »Großen« die Chance zu geben, mit Fairem zu handeln. Die Haltung zahlreicher Twitterer à la »Du darfst keinen Handel mit deinen sauberen Produkten beliefern, wenn er nichts Sauberes hat« ist in meinen Augen äußerst kontraproduktiv. Stillstand und Treten auf ein und demselben Punkt wären die Konsequenz.

»Überzeugt«, murmelte Raffi. Und schraubte weiter.

Einige Tage später hatte er mich überzeugt: der nächste »Böse«, der gar nicht so böse war. Der Category Manager der Metro, genauer gesagt, von real. Marcus Schlich, gerade vier Jahre älter und zwei Kinder reicher als ich, besuchte mich einen Tag. Wir verbrachten viel Zeit in meiner Näherei, gingen gemeinsam in das Textilmuseum, sahen uns dort meinen Jeanswebstuhl an und aßen zu Mittag. Es kam mir vor, als hätte ich ein Déjà-vu. Wie schon Robert Schweininger von EDEKA war Marcus von real ehrlich und frei heraus. Auch er schönte keine Geschichten, zeigte sich authentisch, selbstkritisch.

»Ich möchte meinen Bereich fair und sauber gestalten«, erzählte Marcus. Sein Bereich ist HAKA, Herrenkonfektion. »Ich glaube daran, dass man in Deutschland produzieren kann. Sicherlich nicht für jeden Kunden. Aber für viele, die eine echte Alternative wünschen«, fuhr er fort. Und diese echte Alternative wolle er mit mir realisieren.

»An was hast du denn so gedacht?«, fragte ich vorsichtig.

»Keine Ahnung«, sagte Marcus. »Sag, was du und deine Ladys nähen können. Jeans, Cargos, T-Shirts, was auch immer. Ich will hier nicht 20 000 Pullis ordern und dann gehen, ich will hier dauerhaft Menschen beschäftigen.«

Damit hatte er mich. Und wir begannen in den darauffolgenden Monaten, ein gemeinsames Konzept zu erarbeiten. Neben dm, EDEKA Südwest und real begann ich auch, Kontakte zum alternativen Handel zu knüpfen. Mit Michael Radau von der SuperBioMarkt AG skizzierte ich einen Plan für unsere Waren in seinen Filialen. Ebenso wurde eine Kooperation mit Reformhäusern in die Wege geleitet, um Kunden eine echte Alternative zu herkömmlichen Textilien bieten zu können.

Mit all diesen Initiativen hatte sich ein Wunsch von mir erfüllt: Unsere Produkte wurden in allen Handelsformen angeboten und somit breitflächig verfügbar. Das lief also. Es stand aber noch etwas aus: Ich wollte noch mehr Menschen über unser Engagement informieren und für unsere Idee gewinnen. Bislang waren wir eher ein Geheimtipp überzeugter Regionalprodukt-Liebhaber. Um manomama aber wirklich dauerhaft etablieren zu können, reichten 3 Prozent der Deutschen nicht. Die restlichen 97 Prozent sollten uns auch noch kennenlernen. Was auch hieß: Economy of Scale. Je mehr Produkte wir produzieren, umso günstiger werden diese. Natürlich gibt es dabei eine Grenze. Aber ob ich 500 Jeans im Monat fertige oder 10 000, entspricht im Verkaufspreis circa 45 Euro. Der Grund dafür ist einfach: Die Anlaufkosten werden auf eine höhere Stückzahl verteilt.

Mein nächstes Ziel war es also, den Geheimtipp-Status zu verlassen und möglichst viele Menschen von unserem Projekt zu erzählen. Wäre ein Firmenkunde in einer derartigen Situation zu mir gekommen, als ich noch Werberin war, hätte ich ihn gefragt, wie viel Budget er für die Steigerung des Bekanntheitsgrads zur Verfügung hat. Aber ich war mein eigener Kunde, und ich wusste, dass für Werbung jeglicher Art mehr als Ebbe in meiner Kasse war. Guter Rat war bekanntlich teuer, aber man sollte auch mit dem Zufall rechnen.

An einem Freitag saß ich auf dem Balkon der Näherei, zelebrierte den Morgenkaffee und überflog meine E-Mails. Darunter diese: »Liebe Frau Trinkwalder, wir sind eine Hamburger Werbeagentur und würden Sie gerne als Testimonial für eine Kampagne gewinnen.« Verwundert las ich sie ein zweites Mal. Das kann doch kein Zufall sein, dachte ich. Man fragte mich, ob ich Lust hätte, für eine Frauenzeitschrift, zusammen mit weiteren Persönlichkeiten, Pate zu stehen. Es war die »Brigitte«, die bereits eine wundervolle Reportage über meine Ladys und mich veröffentlicht hatte. Ich griff zum Telefon und rief die Dame an. Wir sprachen über die Idee ihrer Kampagne, nämlich die neue »Generation Frau« innerhalb einer Anzeigenstrecke der Öffentlichkeit zu präsentieren, und über mein Engagement, das wunderbar zum Kampagnenthema passen würde. Es dauerte nicht lange, da war ich überzeugt. Ich sagte zu. Das Schönste daran: Es sollte keine gestellte Werbenummer werden. Ich durfte das Foto für die Anzeige selbst gestalten. Ich sollte mich auf dem Bild erkennbar wohl fühlen. Authentisch eben. So schlüpfte ich nach langer Zeit einmal wieder in die Rolle der Werberin, ging hinunter in die Näherei und suchte nach der richtigen Stelle, von der ich mich fotografieren ließ. Im Hintergrund wurde fleißig genäht, im Vordergrund stand ich an der Nähmaschine. Es wurden perfekte Bilder, die auch der Mitarbeiterin der Hamburger Agentur gefielen. Mit diesem Feedback verlor sich das Thema »Generation Frau« im täglichen Trubel und war von mir nur wenige Wochen später vergessen.

»Ist ja großartig bei euch«, sagte ich zu Oliver Reetz.
Der dunkelhaarige, sportive Mittvierziger empfing mich
mit einem Lächeln. Seit Monaten ist er mir eine große Hilfe. Immer, wenn es brannte, war Oliver dank seines Fach-
wissens und seiner ruhigen Art mein Feuerlöscher. Endlich
hatte ich nun die Zeit gefunden, ihn im Münsterland an
seinem Arbeitsplatz in der Weberei zu besuchen.
»Ist ja auch eine ganz besondere Stimmung bei euch«, konterte Oliver.
Ich musste schmunzeln, weil ich mich an die Mail erinnerte, die Oliver mir nach seinem ersten Besuch bei uns schrieb.
Sinngemäß entschuldigte er sich für die Worte, die ein »Lieferant« (ich verabscheue übrigens dieses Wort, denn es be-
schreibt nicht, was ich von partnerschaftlich zusammenar-
beitenden Menschen erwarte: Augenhöhe) nicht schreiben
würde, aber wir – meine Ladys und ich – wären ihm direkt
ans Herz gewachsen, und es würde mächtig Spaß machen,
mit uns zu arbeiten. So, wie er den Ladys und mir ans Herz
gewachsen ist.
 »Mhm«, bestätigte ich. »Die pflegen wir auch. Wenngleich
es immer schwieriger wird.«
»Wieso schwieriger?«
»Wenn dein Ideal die Realität trifft, wird es erwachsen.«
»Inwiefern? Alles, was ich bis dato in den Medien las, ist
doch großartig. Na ja, bis auf deinen Kampf mit Politik
und Banken. Und die kleinen Textilerwehwehchen, die wir
beide doch immer gut gelöst bekommen.«
»Ach, weißt du. Es gibt immer eine andere Seite. Die Seite,
die vielleicht nicht ins Bild passt«, antwortete ich und begann zu erzählen. Davon, dass ich der felsenfesten Meinung war, jeder Mensch möchte arbeiten. Ich hatte angenommen, dass alle, die zu uns, zu manomama kommen,
ebenso motiviert an die Sache herangehen würden wie die

Ladys der ersten Stunde. Das war eine Fehleinschätzung. Im Gegenteil. Je bekannter wir wurden, umso größer wurde die Zahl der Bewerber, und mit ihr wuchs die Quote derer, die es bei uns einfach nur »mal versuchen wollten«.

»Ein Modelabel zu gründen, okay«, sagte Oliver, als ich meine Ausführungen beendet hatte. »Warum machst du das? Warum machst du dir es doppelt schwer, indem du diese Firma mit, sagen wir, nicht einfachen Menschen gestaltest?«

»Weil es um Gerechtigkeit geht. Schau, wir leben in einer Leistungsgesellschaft. Das ist an sich nicht schlecht, sehen wir einmal von den perversen Auswüchsen ab. Wenn wir uns kennenlernen, fragen wir einander nicht, wie es uns geht, sondern erzählen uns, welcher Arbeit wir nachgehen. Wir definieren uns über Arbeit. Haben wir nichts Berufliches zu erzählen, sind wir nicht interessant. Wir gehören nicht dazu. Schlimmer noch: Als Arbeitsloser bist du nicht nur am Rande unserer Gesellschaft, die Arbeitenden verachten dich. Weil du ihnen auf der Tasche liegst. Staatsgeld verprasst. Du wirst krank, depressiv, und der Strudel zieht dich immer tiefer hinunter. Bis du am Boden bist und überhaupt keine Chance hast, dich jemals wieder aus der Scheiße herauszuziehen. Ich habe viel Energie in die Wiege gelegt bekommen. Wieso sollte ich nicht meine Kraft für jene Menschen aufwenden, die sie brauchen? Wenn die Stärkeren viel mehr auf die Schwächeren in unserer Gesellschaft achten würden, wäre uns allen geholfen.«

Oliver sah mich an und nickte.

»Zudem glaube ich fest daran, dass ein selbstverdientes Auskommen Selbstvertrauen und Wertschätzung einbringt. Das, was der Mensch braucht. Er benötigt ja nicht viel. Sinn, Sicherheit und Wertschätzung. Mehr nicht. All das können die Menschen, die bei uns sind, bekommen, erfahren und weitergeben. Du sagtest vorhin, hier wäre eine besondere Stimmung. Jetzt weißt du, warum sie hier so besonders ist. Weil wir einander respektieren und miteinander arbeiten, nicht gegeneinander.«

Sinn, Sicherheit & Wertschätzung

Ich habe mir vorgenommen, meinen Mitarbeitern Sinn, Sicherheit und Wertschätzung zu geben. Es ist des Unternehmers Pflicht, diese drei Aspekte zu erfüllen. Aber habe ich die eigenen Ansprüche im eigenen Laden bei meinen Ladys auch umsetzen können?

Jeder Mensch, ob jung oder alt, ob gesund oder gehandicapt, muss einen Sinn in dem sehen, was er tut. Ich kann mich gut an ein Gespräch mit einer meiner Damen erinnern, sie erzählte mir davon, dass sie sich während ihrer Arbeitslosigkeit »Arbeit« geschaffen hat. Jeden Tag nahm sie sich am Vormittag vor, die Reklameblätter der Discounter und höherpreisigen Lebensmittel intensiv zu studieren und sich die Preise einzuprägen. »Um fit in der Birne zu bleiben.« Als diese »Arbeit« nach geraumer Zeit nicht mehr erfüllend genug war, begann sie, die Abbildungen der Fleisch- und Gemüseangebote einzeln auszuschneiden und sie sortiert nach Gattung und Preis auf ein leeres Blatt Papier zu kleben. Eine Arbeitsbeschaffungsmaßnahme der besonderen Art. »Im Nachhinein gesehen war es eine ganz schöne Arbeit«, erinnerte sie sich, »aber völlig sinnlos.«

Nun gibt es Stimmen, die behaupten, den ganzen Tag über Taschen zusammenzunähen wäre auch ziemlich sinnlos. Oder T-Shirt-Ärmel einzusetzen. Oder Jeansbeine zu schließen. Das aber ist ein großer Irrtum. Im Vergleich zur

Analyse der Reklameblättchen sieht man am Ende eines arbeitsreichen Tages nicht nur das Ergebnis, man sieht es auch an den Menschen. Sie wissen, dass sie etwas geleistet haben, das auch weiter Früchte tragen wird. Und so ergibt ihre Arbeit einen Sinn. Die unternehmerische Aufgabe also besteht auch darin, Menschen mit den verschiedensten Fähigkeiten eine Aufgabe zur Verfügung zu stellen. Menschen die Zeit zu geben, sich in Tätigkeiten zu versuchen und irgendwann »ihre« Arbeit, die ihnen Spaß macht und die ihrem Leben einen Sinn verleiht, zu entdecken und dauerhaft auszuführen. Denn: Für jedes Mitglied in unserer Gesellschaft gibt es eine Arbeit. Es ist die unternehmerische Aufgabe, die gesellschaftliche Pflicht anzunehmen und gemeinsam mit dem Einzelnen so lange zu suchen, bis sie gefunden wird.

Nun gut, werden manche sagen, das klingt sinnvoll. Dennoch muss es tierisch langweilig sein, den gesamten Tag nur Beutel umzudrehen. Oder Etiketten anzuschießen. Oder Unterwäsche auf Bügel zu ziehen. Schon wieder ein großer Irrtum. Das Verrichten von gleichen oder ähnlichen Tätigkeiten, immer und immer wieder, gibt Menschen wie denen, die bei manomama arbeiten, etwas, was sie in den letzten Jahren schmerzlich vermisst haben: Sicherheit. Nach jahrelanger Arbeitslosigkeit, ohne Selbstwertgefühl, ist der Wiedereinstieg in das Arbeitsleben doppelt schwer. Eine Komponente der Sicherheit, die ein Unternehmer geben kann (und ich habe noch nie etwas anderes gegeben), ist von Anbeginn ein unbefristeter Arbeitsvertrag. Nahezu alle meiner Mitarbeiter kannten diese Art des Beschäftigungsverhältnisses überhaupt nicht mehr. Die letzten Arbeiten wurden per befristete Verträge verrichtet, als Leih- oder Zeitarbeit, als hungerlohnbezahlte Praktika. Die Sicherheit, dass sie morgen und übermorgen und am Tag darauf ihren Arbeitsplatz haben werden, lässt meine Ladys auch sicherer in ihrer Arbeit werden. Sie wachsen – mit ihren Arbeitsergebnissen und an sich selbst.

Was die Sicherheit betrifft, habe ich den größten Fehler begangen, den ein Unternehmer begehen kann. Als wir anfingen, die Taschen zu nähen, und die Näherinnen, die für die Säume zuständig waren, sich unheimlich abmühten, Saum und Henkel zu vernähen, entschloss ich mich zu einem gut gemeinten Zwischenschritt. Fortan sollten die Näherinnen, die den Taschenbeutel schlossen, bereits die Henkel annähen, sodass der darauffolgende Arbeitsgang nur mehr das Säumen, nicht aber das Einlegen der Henkel beinhaltete. Nach anfänglichen Schwierigkeiten lief es sehr gut, sodass ich erneut die Damen zusammenrief und sie bat, nun die Taschen wieder »richtig« zu nähen. Was dann passierte, war mir eine Lehre: Tagelang gab es miese Stimmung, manche Mitarbeiterinnen schmissen die Arbeit hin, und Hilde und ich mussten sie beruhigen. Ich verstand die Welt nicht mehr. Ich hatte gedacht, meinen Ladys einen Gefallen zu tun, indem ich ihnen eine befristete Erleichterung ermöglichte. Das Gegenteil aber war der Fall: Ich hatte ihnen Sicherheit genommen.

Dana, eine der Näherinnen, die damals nach der Entscheidung wutentbrannt die Näherei verlassen hatte und erst am nächsten Tag wiederkam, öffnete mir die Augen.

»Erst erobern wir uns mit viel Üben den Arbeitsgang, dann können wir ihn, und du nimmst ihn uns wieder weg«, empörte sie sich.

»Aber ich wollte es euch doch nur am Anfang leichter machen.«

»Nein, Sina. Lieber schwerer am Anfang und dafür dauerhaft«, hielt sie dagegen.

Das hatte ich verstanden.

Und nun zur Wertschätzung. Jeder, der zu uns in unsere Hallen kommt, schwärmt von der »Stimmung«, die dort herrscht: ob der Augsburger Arbeitsamtchef Reinhold Demel, der SPD-Kanzlerkandidat Steinbrück oder Journalisten. Ob »Lieferanten« wie Oliver, Freunde oder Familienmitglieder meiner Ladys. Sie alle erleben, was wir leben: ein wertschätzendes Miteinander. Das heißt auch, dass ich mir die Freuden – und Sorgen – meiner Ladys anhöre. Nicht, weil es meine Pflicht ist, sondern, weil es mich aufrichtig interessiert. Wenn es irgendwo zwickt, helfe ich, so gut ich kann. Rund um die Uhr. Wenn Not am Mann ist, sitze ich unter ihnen und nähe mit. Auch, wenn ich phasenweise wenig Zeit dafür habe, meine Ladys nehmen es mir nicht krumm. Zum einen, weil sie wissen, ich würde sofort mit anpacken. Zum anderen, weil sie schätzen, dass ich die fürs Anpacken fehlende Zeit damit verbringe, mich in der Öffentlichkeit für ihre Sorgen und Nöte, ihre Probleme und Wünsche einzusetzen. Wenn Unternehmer also wieder ehrliche Nähe zu ihrer Belegschaft suchen (und zulassen), nicht mehr über ihnen thronen, sondern mitten unter ihnen gestalten, wenn Vorgesetzte wieder das Schulterklopfen und die Worte »Das habt ihr großartig gemacht« entdecken, dann entsteht, was wir alle im Arbeitsleben brauchen: einen Ort, an dem wir gerne sind.

Nach einer interessanten Führung durch die Spinnerei und Weberei und stundenlangem Fachsimpeln über neue textile Ideen lud mich Oliver zum Essen ein. Wir fuhren nach Münster an den städtischen Kanal und mischten uns unters studentische Volk. Bei einer Pizza und dem, was der Münsteraner Radler nennt, in Norddeutschland ein Alster ist und der Bayer als Spülwasser bezeichnen würde (weil Pils für Süddeutsche kein Getränk ist, weder pur noch gestreckt mit Zitronenlimonade), schmiedeten wir Pläne.

»Taschen können wir jetzt«, grinste Oliver.

»Richtig. Jeans auch. Ich hab die verrückte Idee, aus dem Verschnitt der farbigen dm-Taschen wieder Garn zu machen. Einfach die Stoffreste faserisieren, mit frischer Baumwolle mischen und eine schöne farbige Melange machen. Das würde enorme Mengen Wasser sparen, und ich hätte keinerlei Abfall mehr in meiner Näherei!«

Oliver fand die Idee prima, und ich nahm mein Handy kurzerhand heraus, um es mir zu notieren. Ein Blick auf das Display verriet, dass jemand mich in einem Tweet erwähnt hatte. Ich öffnete die Twitter-App und las den Tweet von @herrfranken:

»Es muss ein guter Tag werden, wenn mich die @manomama anstrahlt.« Ich war völlig irritiert.

Wie kann ich den Herrn Franken in Hamburg anstrahlen, wenn ich hier in Münster sitze, dachte ich. Ein anschließender Klick auf den Link, der dem Tweet anhing, brachte Klarheit. Auf meinem Mobiltelefon sah ich ein Bild von einer riesengroßen Fassade, irgendwo an den Hamburger Landungsbrücken. Die Hälfte der Fassade war bedeckt mit einem ebenso riesengroßen Plakat. Ein mulmiges Gefühl überkam mich, als ich realisierte, dass ich mich gerade selbst anschaute.

Die »Brigitte«-Kampagne, fiel mir siedend heiß ein. Ich sah mein Plakat der Kampagne. Mich, inmitten meiner Näherinnen und Näher in unserer Halle und vorgestellt als soziale Unternehmerin mit Verweis auf die Homepage.

»Was ist los, Sina?«, fragte mich Oliver. »Wo brennt's?«

»Nirgendwo!« Ich zeigte ihm das Foto. Und fing an zu lachen.

»Wow!«

»Ja, wow! Jetzt ist das letzte Puzzleteilchen auch geglückt: Öffentlichkeit für mein Projekt zu schaffen! Den Menschen zu zeigen, dass man alles schaffen kann, wenn man will! Überzeugung ist der beste Antrieb.«

Oliver sah mich freudestrahlend an.

»Das ist ein richtiges Happy End«, sagte er.

»Das ist erst der Anfang!«

DANK

Mein besonderer Dank gilt meinen beiden Männern und Miriam. Aus elfunddrölfzig Gründen.

Mein Erstlingsbuch-Dank geht an meinen Agenten Oliver Brauer und meine Lektorin Regina Carstensen.

Den Dank auf den letzten Drücker widme ich Stefan Ulrich Meyer, weil er das hat, was man benötigt, wenn man mit mir arbeiten muss: stahlharte Nerven. Und einer exzellenten Setzerin, Michaela Lichtblau, die Unmögliches möglich macht.

Leseprobe

ADAM GRANT

GEBEN UND NEHMEN

*Erfolgreich sein
zum Vorteil aller*

DROEMER 2013

1

GUTE RENDITE

Die Risiken und Chancen der Großzügigkeit

An einem sonnigen Samstagnachmittag standen zwei stolze Väter am Rand eines Fußballplatzes im Silicon Valley. Sie schauten ihren kleinen Töchtern beim Spielen zu, und es war nur eine Frage der Zeit, bis sie auf ihre Arbeit zu sprechen kamen. Der größere der beiden war Danny Shader, ein Serienunternehmer, der bei Netscape, Motorola und Amazon gearbeitet hatte. Als Shader, ein dunkelhaariger, konzentrierter Typ, der unermüdlich über geschäftliche Dinge reden kann, sein erstes Unternehmen gegründet hatte, war er Ende dreißig gewesen, und er bezeichnete sich gern als den »alten Mann des Internets«. Es machte ihm Spaß, Unternehmen aufzubauen, und er war gerade dabei, sein viertes Start-up zu realisieren.

Shader hatte sofort Gefallen an dem anderen Vater gefunden, einem Mann namens David Hornik, der sich seine Brötchen mit Investitionen in Unternehmen verdient. Hornik, knapp über eins sechzig groß, mit dunklen Haaren, Brille und Spitzbart, hat bunt gemischte Interessen: Er sammelt seltene Ausgaben von *Alice im Wunderland* und hat das College mit einem Bachelor of Arts in Computermusik abgeschlossen. Anschließend machte er seinen Master in Kriminologie und promovierte in Jura, und nachdem er sich bei einer Anwaltskanzlei die Nächte um die Ohren geschlagen hatte, nahm er das Jobangebot einer Beteiligungsgesellschaft an. Dort verbrachte er das nächste Jahrzehnt damit, sich Vorträge von Existenzgründern anzuhören und über Beteiligungen an ihren Projekten zu entscheiden.

In einer Spielpause wandte sich Shader an Hornik und sagte: »Ich arbeite da gerade an etwas – wären Sie vielleicht interessiert?« Horniks Spezialgebiet waren Internet-Firmen, deshalb schien er Shader ein idealer Investor zu sein. Das Interesse war gegenseitig. Die meisten Leute, die mit Ideen hausieren gehen, wollen zum ersten Mal ein Unternehmen gründen und haben deshalb noch keine Erfolgsbilanz vorzuweisen. Shader hingegen war ein Computer-Unternehmer, der nicht nur einmal, sondern schon zweimal einen Volltreffer gelandet hatte. 1999 war sein erstes Start-up, Accept.com, für 175 Millionen Dollar von Amazon erworben worden. Und 2007 hatte Motorola seine nächste Firma, Good Technology, für 500 Millionen Dollar gekauft. In Anbetracht von Shaders Vorgeschichte war Hornik gespannt, was er als Nächstes vorhatte.

Ein paar Tage nach dem Fußballspiel kam Shader zu Hornik ins Büro und stellte ihm seine neueste Idee vor. Fast ein Viertel aller Amerikaner haben Schwierigkeiten bei Online-Käufen, weil sie weder Bankkonto noch Kreditkarte besitzen. Für dieses Problem bot Shader eine innovative Lösung an. Hornik war einer der ersten Risikoanleger, die er ansprach, und die Idee gefiel ihm sofort. Binnen einer Woche stellte er Shader seinen Partnern vor und bot ihm einen Vorvertrag an: Er wollte Shaders Unternehmen finanzieren. Obwohl Hornik schnell gewesen war, befand sich Shader in einer starken Position. Angesichts seines Rufs und seiner guten Idee würden sich viele Investoren geradezu überschlagen, um mit ihm zusammenzuarbeiten, wie Hornik wusste. »Sie sind nur selten der einzige Investor, der einem Firmengründer einen Vorvertrag anbietet«, erklärt er. »Sie stehen im Wettbewerb mit den besten Beteiligungsgesellschaften des Landes und versuchen, den Firmengründer zu bewegen, Ihr Geld statt deren Geld anzunehmen.«

Wenn Hornik zum Zug kommen wollte, bestand die beste Methode für ihn darin, Shader nur wenig Zeit für seine Entscheidung zu lassen. Er konnte ihm ein unwiderstehliches Angebot machen und ihm eine knappe Frist setzen; dann würde Shader vielleicht unterschreiben, bevor er die Gelegenheit bekam, seine Idee auch anderen Investoren vorzustellen. Auf diese Weise versuchen viele Risikoanleger, die Chancen zu ihren Gunsten zu beeinflussen.

Hornik setzte Shader jedoch keine Frist. Stattdessen forderte er ihn geradezu auf, mit seinem Projekt auch zu anderen Investoren zu gehen. Hornik glaubte, dass Firmengründer Zeit benötigen, um ihre Möglichkeiten zu prüfen. Deshalb lehnte er es grundsätzlich ab, ihnen befristete Angebote zu unterbreiten. »Nehmen Sie sich so viel Zeit, wie Sie brauchen, um die richtige Entscheidung zu treffen«, sagte er. Natürlich hoffte er, Shader würde zu dem Schluss gelangen, dass die richtige Entscheidung darin bestand, mit ihm ins Geschäft zu kommen; aber er stellte Shaders Interessen über seine eigenen, indem er ihm Raum gab, andere Optionen zu sondieren.

Und genau das tat Shader. Im Verlauf der nächsten paar Wochen stellte er seine Idee anderen Investoren vor. Unterdessen schickte Hornik, der sichergehen wollte, dass er noch gut im Rennen lag, Shader seinen wertvollsten Schatz: eine Liste mit vierzig Referenzen, die Horniks Kaliber als Investor bestätigen konnten. Hornik wusste, dass Firmengründer bei Investoren nach denselben Eigenschaften suchen, die wir alle bei Finanzberatern suchen: Kompetenz und Vertrauenswürdigkeit. Wenn sie mit einem Investor handelseinig werden, zieht dieser in ihren Aufsichtsrat ein und stellt ihnen sein Know-how zur Verfügung. Horniks Liste von Referenzen spiegelte wider, mit wie viel Engagement und Herzblut er Firmengründer im Verlauf von mehr als einem Jahrzehnt im Risikokapitalgeschäft betreut hatte. Er wusste, dass sie sich für seine Fähigkeiten und seinen Charakter verbürgen würden.

Ein paar Wochen später klingelte Horniks Telefon. Es war Shader, der ihm seine Entscheidung mitteilen wollte.

»Tut mir leid«, sagte er, »aber ich werde mit einem anderen Investor zusammenarbeiten.«

Die finanziellen Konditionen von Horniks Angebot und dem des anderen Investors waren praktisch identisch. Die Liste mit den vierzig Referenzen hätte Hornik also den entscheidenden Vorteil verschaffen müssen. Und nachdem Shader mit den Referenzen gesprochen hatte, war ihm klar gewesen, dass Hornik ein toller Bursche war.

Doch gerade seine Großzügigkeit war der Grund, weshalb Hornik scheiterte. Shader befürchtete, dass Hornik ihn eher ermutigen als herausfordern würde. Hornik war womöglich nicht hart genug, um Shader beim Aufbau eines erfolgreichen Unternehmens zu helfen, und der andere Investor stand im Ruf, ein brillanter Berater zu sein, der Firmengründer hinterfragte und antrieb. »Wahrscheinlich sollte ich jemanden in den Aufsichtsrat aufnehmen, der mich stärker herausfordert«, dachte sich Shader. »Hornik ist so nett, dass ich nicht weiß, wie er in der Führungsetage auftreten wird.« Als er Hornik anrief, erklärte er: »Mein Herz sagt, ich sollte mich mit Ihnen zusammentun, aber mein Kopf sagt, ich sollte mich für den anderen entscheiden. Ich habe beschlossen, auf meinen Kopf zu hören und nicht auf mein Herz.«

Hornik war am Boden zerstört, und er kritisierte sich nachträglich. »Bin ich ein Trottel? Wenn ich Druck gemacht hätte, um den Vorvertrag unter Dach und Fach zu kriegen, hätte er vielleicht unterschrieben. Aber ich habe mir meinen Ruf ein Jahrzehnt lang erarbeitet, also kam das nicht infrage. Wieso ist das passiert?«

David Hornik lernte es auf die harte Tour: Die Guten haben immer das Nachsehen.

Oder nicht?

Nach landläufiger Meinung haben sehr erfolgreiche Menschen dreierlei miteinander gemein: Motivation, die erforderlichen Fähigkeiten und geeignete Handlungsmöglichkeiten. Wenn wir Erfolg haben wollen, brauchen wir eine Kombination aus harter Arbeit, Talent und Glück. Die Geschichte von Danny Shader und David Hornik wirft ein Schlaglicht auf ein viertes Element, das von entscheidender Bedeutung ist, aber oftmals vernachlässigt wird: Erfolg hängt in hohem Maße davon ab, wie wir an unsere Interaktionen mit anderen Menschen herangehen. Jedes Mal, wenn wir bei der Arbeit mit einer anderen Person interagieren, müssen wir eine

Entscheidung treffen: Versuchen wir, so viel wie möglich für uns herauszuholen, oder investieren wir, ohne uns Gedanken darüber zu machen, was wir dafür bekommen?

Als Organisationspsychologe und Professor an der Wharton School, der Business School der University of Pennsylvania, habe ich mich mehr als zehn Jahre meines Berufslebens mit diesen Optionen und der Rolle beschäftigt, die sie bei Organisationen von Google bis zur amerikanischen Luftwaffe spielen, und wie sich herausstellt, haben sie erstaunliche Auswirkungen auf den Erfolg. Im Verlauf der letzten drei Jahrzehnte haben Sozialwissenschaftler durch eine Reihe bahnbrechender Studien entdeckt, dass sich die Präferenzen der Menschen im Hinblick auf Gegenseitigkeit oder *Reziprozität* – die von ihnen gewünschte Mischung von Geben und Nehmen – radikal unterscheiden. Um ein wenig Licht auf diese Präferenzen zu werfen, möchte ich Ihnen zwei Arten von Menschen vorstellen, die bei der Arbeit an den entgegengesetzten Enden des Reziprozitätsspektrums stehen. Ich nenne sie Nehmer und Geber.

Nehmer haben ein charakteristisches Kennzeichen: Sie möchten mehr bekommen, als sie geben. Sie sorgen dafür, dass sich die Gegenseitigkeitswaage zu ihren Gunsten neigt, indem sie ihre eigenen Interessen über die Bedürfnisse anderer stellen. Nehmer glauben, dass die Welt von Konkurrenz geprägt sei und dass jeder nur an sich selber denke. Sie sind davon überzeugt, dass sie besser sein müssen als andere, um Erfolg zu haben. Um ihre Kompetenz zu beweisen, beweihräuchern sie sich selbst und sind darauf erpicht, möglichst viel Anerkennung für ihre Bemühungen zu ernten. Nehmer sind normalerweise nicht grausam oder unbarmherzig; sie sind nur vorsichtig und auf ihren eigenen Schutz bedacht. »Wenn ich mich nicht zuallererst um mich selbst kümmere«, denken Nehmer, »dann tut es niemand.« Wäre David Hornik eher ein Nehmer gewesen, hätte er Danny Shader eine Frist gesetzt und damit sein Ziel, die Investition zu tätigen, über Shaders Wunsch nach einer zeitlich flexibleren Vereinbarung gestellt.

Hornik ist jedoch das Gegenteil eines Nehmers; er ist ein *Geber*. In der Arbeitswelt sind Geber eine relativ seltene Spezies. Bei ihnen neigt sich die Waage zur anderen Seite, denn sie ziehen es vor, mehr zu geben, als sie bekommen. Während Nehmer häufig nur sich selbst sehen und abschätzen, was andere ihnen bieten können, haben Geber vor allem die anderen im Blick und achten mehr darauf, was diese von ihnen benötigen. Bei diesen Präferenzen geht es nicht um Geld: Geber und Nehmer unterscheiden sich nicht dadurch, wie viel sie für Wohltätigkeit spenden oder wie hoch ihr Lohn oder ihr Gehalt ist. Vielmehr unterscheiden sich Geber und Nehmer in ihren Einstellungen und Verhaltensweisen gegenüber anderen Menschen. Wenn Sie ein Nehmer sind, helfen Sie anderen aus taktischen Gründen, sofern der Nutzen, den *Sie* daraus ziehen, Ihre persönlichen Kosten überwiegt. Wenn Sie ein Geber sind, sieht Ihre Kosten-Nutzen-Analyse vermutlich anders aus: Sie helfen immer dann, wenn der Nutzen für *andere* Ihre persönlichen Kosten übersteigt. Vielleicht denken Sie aber auch gar nicht über Ihre Kosten nach, sondern helfen anderen, ohne dafür eine Gegenleistung zu erwarten. Wenn Sie bei der Arbeit ein Geber sind, versuchen Sie einfach, Ihre Zeit und Kraft, Ihr Wissen, Ihre Fähigkeiten, Ideen und Kontakte großzügig mit anderen Menschen zu teilen, die davon profitieren können.

Es ist verlockend, das Geber-Etikett für überlebensgroße Helden wie Mutter Teresa oder Mahatma Gandhi zu reservieren, aber um ein Geber zu sein, muss man keine außergewöhnlichen Opfer bringen. Es bedeutet einfach nur, dass man die Interessen anderer im Auge behält, zum Beispiel indem man ihnen hilft, sie betreut, ihnen ihren Teil der Anerkennung zukommen lässt oder für sie Kontakte knüpft. Außerhalb der Arbeitswelt ist ein solches Verhalten ganz alltäglich. Untersuchungen der Psychologin Margaret Clark von der Yale University zufolge verhalten sich die meisten Menschen in engen Beziehungen wie Geber. In Ehen und Freundschaften leisten wir unseren Beitrag, wann immer wir können, ohne aufzurechnen.

Am Arbeitsplatz wird die Sache allerdings komplizierter. Im beruflichen Bereich verhalten sich nur wenige von uns ausschließlich als Geber oder Nehmer. Stattdessen eignen wir uns ein drittes Verhaltensmuster an. Wir werden *Tauscher* – das heißt, wir streben nach einem ausgewogenen Gleichgewicht von Geben und Nehmen. Tauscher orientieren sich am Prinzip der Fairness: Wenn sie anderen helfen, schützen sie sich, indem sie etwas dafür zurückbekommen wollen. Falls Sie ein Tauscher sind, glauben Sie an »Wie du mir, so ich dir«, und Ihre Beziehungen beruhen auf einem ausgeglichenen Austausch von Gefälligkeiten.

Geben, Nehmen und Tauschen sind drei grundlegende Formen sozialer Interaktion, aber es gibt keine scharfen, unverrückbaren Grenzen zwischen ihnen. Vielleicht stellen Sie fest, dass Sie von einer Reziprozitätsform zur anderen wechseln, je nachdem, welche Rolle sie bei der Arbeit gerade einnehmen oder um welche Beziehung es sich handelt. Es wäre nicht überraschend, wenn Sie sich bei Gehaltsverhandlungen wie ein Nehmer verhielten, bei der Betreuung anderer, die weniger Erfahrung haben als Sie, wie ein Geber und wie ein Tauscher, wenn Sie Ihr Fachwissen mit einem Kollegen teilen. Doch wie sich zeigt, entwickeln die Menschen in ihrer übergroßen Mehrheit bei der Arbeit eine hauptsächliche Reziprozitätsform – jenes Verhalten, das sie den meisten Menschen gegenüber die meiste Zeit an den Tag legen. Und diese Hauptform kann eine ebenso große Rolle für unseren Erfolg spielen wie harte Arbeit, Talent und Glück.

Tatsächlich sind die auf den Reziprozitätsformen beruhenden Erfolgsmuster erstaunlich klar. Wenn ich Sie bitten würde zu raten, wer mit größter Wahrscheinlichkeit am Fuß der Erfolgsleiter landen wird, was würden Sie sagen – Nehmer, Geber oder Tauscher?

In beruflicher Hinsicht haben alle drei Reziprozitätsformen ihre Vor- und Nachteile. Aber eine von ihnen erweist sich als kostspieliger als die anderen beiden. Auf Grundlage der Geschichte von David Hornik würden Sie vielleicht die Vorhersage wagen, dass Geber die schlechtesten Resultate erzielen – und Sie hätten recht. Die Forschung zeigt, dass sich Geber am Fuß der Erfolgsleiter ansiedeln. In einem breiten Spektrum wichtiger Tätigkeiten sind die Geber im Nachteil: Sie sorgen dafür, dass es anderen bessergeht, setzen dabei jedoch ihren eigenen Erfolg aufs Spiel.

In der Welt der Technik sind die unproduktivsten und uneffektivsten Ingenieure Geber. In einer Studie bewerteten mehr als 160 Ingenieure in Kalifornien einander danach, wie viel Hilfe sie gegeben und empfangen hatten; diejenigen Ingenieure, die mehr gaben, als sie empfingen, waren am wenigsten erfolgreich. Diese Geber hatten in ihrem Unternehmen bei der Anzahl der von ihnen erledigten Aufgaben sowie der von ihnen angefertigten technischen Berichte und Zeichnungen die schlechtesten objektiven Werte – und erst recht bei Fehlerhäufigkeit, Terminüberschreitungen und Geldverschwendung. Ihre besonders stark ausgeprägte Hilfsbereitschaft hielt sie davon ab, ihre eigene Arbeit zu erledigen.

Dasselbe Muster zeigt sich an einer medizinischen Hochschule. In einer belgischen Studie, an der mehr als 600 Medizinstudenten teilnahmen, hatten die Studenten mit den schlechtesten Noten ungewöhnlich hohe Zustimmungswerte bei Geber-Aussagen wie »Ich helfe anderen sehr gern« und »Ich nehme die Bedürfnisse anderer vorweg«. Die Geber scheuten keine Mühe, um ihren Kommilitonen beim Studium zu helfen, indem sie ihr Wissen mit ihnen teilten. Dabei versäumten sie es jedoch, eigene Wissenslücken zu schließen, sodass ihre Kommilitonen ihnen bei den Prüfungen überlegen waren. Beim Verkaufspersonal sieht es nicht anders aus. In einer von mir durchgeführten Studie über Verkäufer in North Carolina lag der Jahresumsatz von Gebern im Vergleich zu Nehmern und Tauschern um das Zweieinhalbfache niedriger. Das Wohl ihrer Kunden lag ihnen derart am Herzen, dass sie nicht bereit waren, ihnen auf Teufel komm raus etwas anzudrehen.

Es scheint, als wären Geber über alle Berufe hinweg einfach zu fürsorglich, zu vertrauensvoll und zu willig, ihre eigenen Interessen zum Nutzen anderer zu opfern. Es gibt sogar Untersuchungsergebnisse, denen zufolge Geber im Vergleich zu Nehmern durchschnittlich 14 Prozent weniger verdienen und ein doppelt so großes Risiko haben, einem Verbrechen zum Opfer zu fallen. Hinsichtlich Macht und Dominanz werden sie um 22 Prozent schwächer eingeschätzt als Nehmer.

Wenn Geber also mit größter Wahrscheinlichkeit am Fuß der Erfolgsleiter landen, wer steht dann am oberen Ende – Nehmer oder Tauscher?

Weder noch. Als ich mir die Daten noch einmal ansah, entdeckte ich ein verblüffendes Muster: *Es sind wieder die Geber.*

Wie wir gesehen haben, sind die Ingenieure mit der geringsten Produktivität zumeist Geber. Doch wenn wir uns die Ingenieure mit der höchsten Produktivität anschauen, stellt sich heraus, dass sie ebenfalls Geber sind. Die kalifornischen Ingenieure mit den besten objektiven Werten für die Quantität und Qualität ihrer Arbeitsergebnisse sind diejenigen, die ihren Kollegen beständig mehr geben, als sie bekommen. Geber haben also die schlechteste und die beste Leistungsbilanz; Nehmer und Tauscher landen eher in der Mitte.

Dieses Muster zeigt sich überall. Die belgischen Medizinstudenten mit den schlechtesten Noten haben ungewöhnlich hohe Geber-Werte, aber das gilt auch für die Studenten mit den *besten* Noten. Im Verlauf des Medizinstudiums erzielt man als Geber um 11 Prozent bessere Noten. In meiner Studie über Verkaufspersonal hatten die unproduktivsten Mitarbeiter um 25 Prozent höhere Geber-Werte als der Durchschnitt – aber das galt auch für die produktivsten Mitarbeiter. Die beste Leistung erbrachten Geber, und sie fuhren im Durchschnitt 50 Prozent mehr Jahresumsatz ein als die Nehmer und Tauscher. Geber herrschen auf den untersten *und* obersten Sprossen der Erfolgsleiter vor. Wenn man den Zusammenhang zwischen Reziprozitätsformen und Erfolg untersucht, haben die Geber in allen Berufen die besseren Chancen, Cracks zu werden – und nicht bloß Krücken.

Raten Sie mal, als was sich David Hornik erwiesen hat.